INHALT

INHALT

Vorwort

LIEBE ABITURIENTIN, LIEBER ABITURIENT,

in diesem Buch finden Sie alles, was Sie in der Oberstufe im Fach Mathematik wissen müssen.

Sie wollen schnell, gezielt und kompakt das Wichtigste lernen und sich optimal auf den Unterricht vorbereiten.

Dabei hilft Ihnen der **QUICK-FINDER**:
- Jedes Kapitel beginnt mit einer übersichtlichen Auflistung aller wesentlichen Themen.
- Prüfen Sie, ob Sie zu jedem Thema etwas sagen können.
- Wenn Sie zu einem Thema mehr wissen wollen, verweisen die Seitenzahlen auf den entsprechenden Abschnitt im Buch.
- Damit Sie den Abschnitt schneller finden, ist das Thema farbig markiert.

Spezialthemen vertiefen besonders wichtige Aspekte, damit Sie im Unterricht punkten können.

Im **Stichwortverzeichnis** finden Sie zusätzlich alle wichtigen Lernbegriffe.

Viel Erfolg im Abitur wünscht Ihnen

Ihr Klett Lerntraining-Team

Analysis – Funktionen

Funktionen – Grundlagen

QUICK-FINDER

Funktionsbegriff

DEFINITIONS- UND WERTEMENGE Eine Funktion ist eine eindeutige Zuordnung: Jedem Element der Definitionsmenge D wird **genau ein** Element der Bildmenge B zugeordnet. Funktionen werden meist mit f, g oder h bezeichnet, daneben gibt es für spezielle Funktionen besondere Abkürzungen, z. B. sin für die Sinusfunktion. Ordnet eine Funktion f dem Argument $x_0 \in D$ das Bild $y_0 = f(x_0)$ zu, so bezeichnet man dieses auch als Funktionswert von f an der Stelle x_0. Die Menge $\{f(x_0) \mid x_0 \in D\}$ heißt Wertemenge W der Funktion f; als Menge aller tatsächlich vorkommenden Funktionswerte ist W eine Teilmenge von B: $W \subseteq B$.

Beispiel 1: Definitions- und Wertemenge und Graph einer Funktion

$f: [-4; \infty[\to \mathbb{R}, x \mapsto y = \sqrt{x+4}$

$[-4; \infty[$ ist hier die maximale Definitionsmenge; die Wertemenge von f ist $\mathbb{R}_0^+$

Wertetabelle:

x	−4	−3	−2	−1	0	1	…
y	0	1	$\sqrt{2}$	$\sqrt{3}$	2	$\sqrt{5}$	…

Graph:

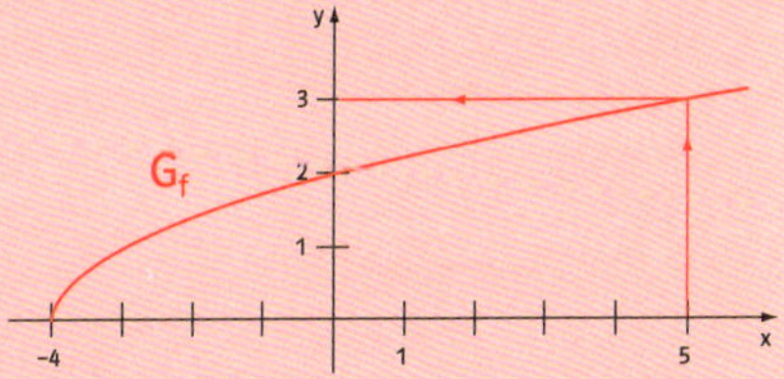

FUNKTIONSTERM UND FUNKTIONSGLEICHUNG Eine Funktion heißt eine reelle Funktion, wenn ihre De-

finitions- und ihre Bildmenge Teilmengen der Menge der reellen Zahlen sind: $D \subseteq \mathbb{R}$, $B \subseteq \mathbb{R}$.
Die ausführliche Schreibweise für eine Funktion ist die folgende: $f\colon D \to B,\ x \mapsto y = f(x)$; dabei heißt $f(x)$ der **Funktionsterm** der Funktion f und $y = f(x)$ heißt ihre **Funktionsgleichung**. Der **Graph** G_f einer Funktion f ist in der Koordinaten-Ebene die Menge aller Punkte $P(x \mid y)$ mit $x \in D$ und $y = f(x)$.

Gleichheit von Funktionen

GLEICHHEIT, EINSCHRÄNKUNG UND FORTSETZUNG Zwei Funktionen f und g heißen **gleich**, wenn gilt:

$$D_f = D_g \text{ und } f(x) = g(x) \text{ für alle } x \in D_f$$

Eine Funktion g heißt **Einschränkung** einer Funktion f, wenn $g(x) = f(x)$ für alle $x \in D_f$ gilt und wenn $D_g \subseteq D_f$; f heißt dann umgekehrt eine **Fortsetzung** von g.

Beschränktheit von Funktionen

BESCHRÄNKTHEIT Eine Funktion f heißt **nach oben beschränkt** bzw. **nach unten beschränkt**, wenn es eine reelle Zahl S bzw. s gibt, sodass für alle $x \in D_f$ gilt: $f(x) \leqq S$ bzw. $f(x) \geqq s$.

SUPREMUM UND INFIMUM S bzw. s heißt dann **obere Schranke** bzw. **untere Schranke** von f. Als **Supremum** bzw. **Infimum** von f bezeichnet man die kleinste obere bzw. die größte untere Schranke von f. f heißt **beschränkt schlechthin**, wenn es eine positive reelle Zahl σ gibt, sodass für alle $x \in D_f$ gilt: $|f(x)| \leqq \sigma$

Die Funktion f aus Beispiel 1 ist nach unten beschränkt, ihr Infimum ist 0. Dagegen ist sie nach oben unbeschränkt und somit nicht beschränkt schlechthin.
Ein Beispiel für eine beschränkte Funktion wäre etwa:

$h: x \mapsto y = 1 + 2 \cdot \cos x \quad \text{mit } \sigma_{min} = 3$

Verknüpfungen von Funktionen

SUMME, DIFFERENZ, PRODUKT, QUOTIENT UND VERKETTUNG

Sind f und g zwei auf D_f bzw. auf D_g definierte Funktionen und ist $D := D_f \cap D_g$ nicht leer, so lassen sich die folgenden Verknüpfungen bilden:

Summe	$f+g\colon\ x \mapsto y = f(x) + g(x);$	$x \in D$
Differenz	$f-g\colon\ x \mapsto y = f(x) - g(x);$	$x \in D$
Produkt	$f \cdot g\colon\ x \mapsto y = f(x) \cdot g(x);$	$x \in D$
Quotient	$\frac{f}{g}\colon\ x \mapsto y = \frac{f(x)}{g(x)};$	$x \in D \setminus \{x \mid g(x) = 0\}$

Sind f und g zwei Funktionen mit $W_f \subseteq D_g$, dann heißt

$g \circ f\colon\ x \mapsto y = g(f(x)); \quad x \in D_f$

die Verkettung von f mit g.

Verknüpfungen zweier Funktionen

Mit $f\colon\ \mathbb{R} \to \mathbb{R},\ x \mapsto y = 3x^2 - 2;\ W_f = [-2; \infty[$

und $g\colon\ \mathbb{R} \to \mathbb{R},\ x \mapsto y = \sin x;\ W_g = [-1; +1]$

ist $g \circ f\colon\ \mathbb{R} \to \mathbb{R},\ x \mapsto y = \sin(3x^2 - 2);$

aber: $f \circ g\colon\ \mathbb{R} \to \mathbb{R},\ x \mapsto y = 3 \cdot \sin^2 x - 2;$

weiter ist $f \cdot g\colon\ \mathbb{R} \to \mathbb{R},\ x \mapsto y = (3x^2 - 2) \cdot \sin x$

sowie $\frac{f}{g}\colon\ \mathbb{R} \setminus \{k \cdot \pi \mid k \in \mathbb{Z}\} \to \mathbb{R},\ x \mapsto y = \frac{3x^2 - 2}{\sin x}$

Analysis – Funktionen

Lineare Funktionen

QUICK-FINDER

Geradengleichung

STEIGUNG ALS DIFFERENZENQUOTIENT

$$f: \mathbb{R} \to \mathbb{R},\ x \mapsto y = mx + t \ (m, t \in \mathbb{R})$$

ist die **allgemeine** lineare Funktion. Ihr Graph ist eine Gerade mit der Steigung m; für $m > 0$ steigt die Gerade, für $m < 0$ fällt sie, für $m = 0$ ist sie parallel zur x-Achse. Der Graph schneidet die y-Achse im Punkt $(0 \mid t)$; daher spricht man vom y-Achsen-Abschnitt t.

Beispiel 1: Graph einer linearen Funktion mit Steigungsdreiecken

$f: \mathbb{R} \to \mathbb{R}, x \mapsto y = \frac{3}{4}x + 2$

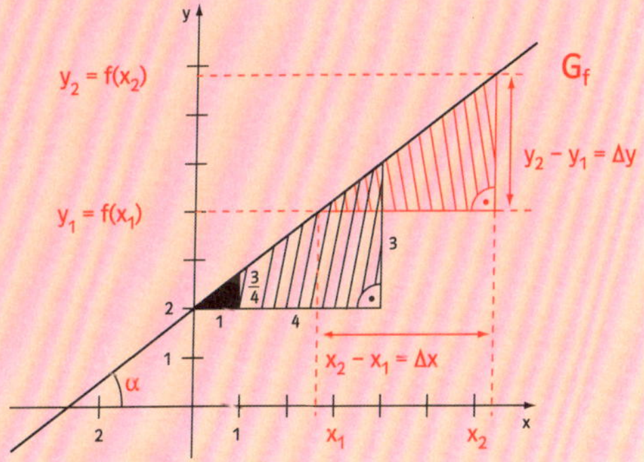

In jedem der rechtwinkligen Steigungsdreiecke tritt der Neigungswinkel α gegenüber der Horzontalen auf, und wegen der Ähnlichkeit dieser Dreiecke gilt:

$$m = \tan\alpha = \frac{\Delta y}{\Delta x} = \frac{y_2 - y_1}{x_2 - x_1} = \frac{f(x_2) - f(x_1)}{x_2 - x_1}$$

Dieser Quotient heißt auch Differenzenquotient.

URSPRUNGSGERADEN BEI DIREKTER PROPORTIONALIÄT Für $t = 0$ ergeben sich als Sonderfall Funktionen der Form $f\colon x \mapsto y = mx$: Die Graphen sind **Ursprungsgeraden**.

Dann sind x und y direkt proportional zueinander $(x \sim y)$, und m heißt auch **Proportionalitätsfaktor**. Es liegt nun Quotientengleichheit vor:

$$\frac{y_1}{x_1} = \frac{y_2}{x_2} = \ldots = m = \text{const.}$$

Beispiel 2: Bestimmung des Funktionsterms einer linearen Funktion

Der Graph einer linearen Funktion g geht durch P(−2 | 8) und Q(6 | 4); die Werte von m und t sind zu bestimmen.

$$m = \frac{\Delta y}{\Delta x} = \frac{4-8}{6-(-2)} = -\frac{4}{8} = -\frac{1}{2}$$

$$g(x) = -\frac{1}{2}x + t$$

$$g(6) = -\frac{1}{2} \cdot 6 + t = 4 \Rightarrow t = 7$$

$$g(x) = -\frac{1}{2}x + 7; \quad m = \tan\alpha = -\frac{1}{2} \Rightarrow \alpha \approx -26{,}6°$$

Schnittpunkte und Schnittwinkel der Graphen linearer Funktionen

PARALLELE UND NICHTPARALLELE GERADEN Die Graphen zweier linearer Funktionen

- sind parallel zueinander, wenn sie in der Steigung m übereinstimmen
- schneiden sich in einem Punkt, wenn sie in m nicht übereinstimmen:

Beispiel 3: Schnittpunkt der Graphen zweier linearer Funktionen

$f: x \mapsto y = \frac{3}{4}x + 2$ (vgl. Beispiel 1)

$g: x \mapsto y = -\frac{1}{2}x + 7$ (vgl. Beispiel 2)

Für den Schnittpunkt $S(x_s \mid y_s)$ von G_f und G_g gilt:

$$y_s = \frac{3}{4}x_s + 2 \wedge y_s = -\frac{1}{2}x_s + 7, \text{ also:}$$

$$\frac{3}{4}x_s + 2 = -\frac{1}{2}x_s + 7 \Rightarrow x_s = 4$$

$$y_s = \frac{3}{4} \cdot 4 + 2 = -\frac{1}{2} \cdot 4 + 7 = 5; \text{ also } S(4 \mid 5)$$

BERECHNUNG DES SCHNITTWINKELS Bei der Bestimmung des Schnittwinkels sind zwei Fälle zu unterscheiden.

Beispiel 4: Geraden schneiden sich rechtwinklig

Die eine Steigung ist der negative Kehrwert der anderen:

$$m_f = -\frac{1}{m_g}$$

oder

$$m_f \cdot m_g = -1$$

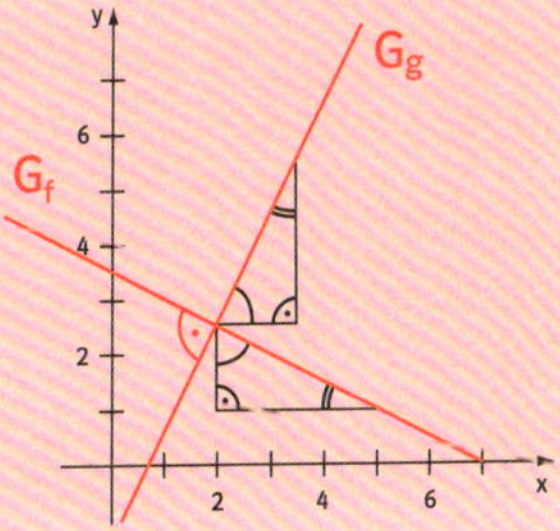

Beispiel 5: Geraden schneiden sich nicht rechtwinklig

Unter dem Schnittwinkel φ versteht man den spitzen Winkel zwischen G_f und G_g. Eine Fallunterscheidung lässt sich vermeiden, wenn man φ wie folgt berechnet:

$$\tan\varphi = \left|\frac{m_f - m_g}{1 + m_f \cdot m_g}\right|$$

für $m_f \cdot m_g \neq -1$

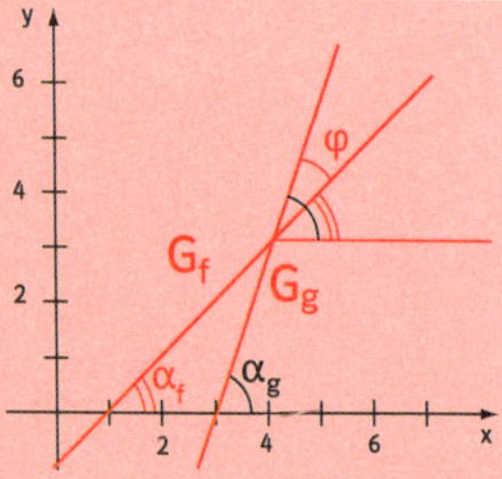

In Bsp. 3 ergibt sich:

$$\tan\varphi = \left|\frac{\frac{3}{4} - \left(-\frac{1}{2}\right)}{1 + \frac{3}{4}\cdot\left(-\frac{1}{2}\right)}\right| = \left|\frac{\frac{5}{4}}{\frac{5}{8}}\right| = 2 \Rightarrow \varphi \approx 63{,}4°$$

Abschnittsweise lineare Funktionen

BETRAGSFUNKTION UND SIGNUMSFUNKTION Ist der Graph einer Funktion nur aus Geradenstücken zusammengesetzt, so heißt die zugehörige Funktion **abschnittsweise linear**. Die wichtigsten Beispiele solcher Funktionen sind die **Betrags-** und die **Vorzeichenfunktion**.

Beispiel 6: Die Betragsfunktion: abs

$$x \mapsto \text{abs}(x) = |x| = \begin{cases} x \text{ für } x \geq 0 \\ -x \text{ für } x < 0 \end{cases}$$

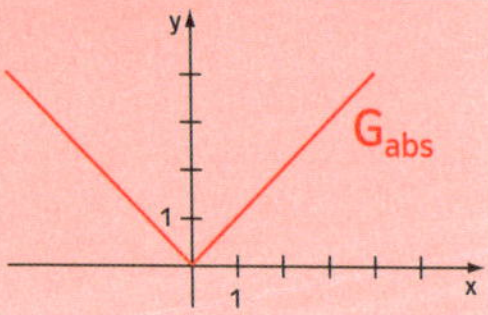

Beispiel 7: Die Vorzeichenfunktion: sgn

$$x \mapsto \operatorname{sgn}(x) = \begin{cases} +1 \text{ für } x > 0 \\ 0 \text{ für } x = 0 \\ -1 \text{ für } x < 0 \end{cases}$$

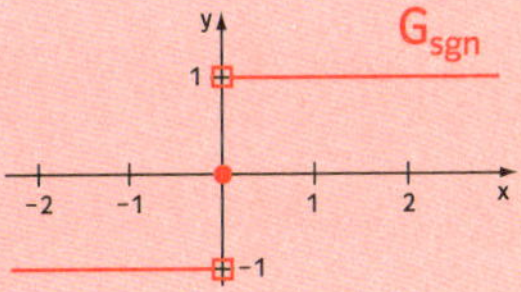

Diese beiden Funktionen hängen eng miteinander zusammen; es gilt: $|x| = x \cdot \operatorname{sgn}(x)$, aber auch $x = |x| \cdot \operatorname{sgn}(x)$. Wird eine Funktion f mit der Betragsfunktion verknüpft, bildet man also die Funktion
$g:\ x \mapsto y = \operatorname{abs}(f(x)) = |f(x)|$, so hat dies lediglich die folgende Wirkung: Der Graph von g stimmt mit dem Graphen von g überein bis auf diejenigen Teile von G_f, die unterhalb der x-Achse liegen: diese werden an der x-Achse gespiegelt.

Beispiel 8: $f(x) = x - 3$, $g(x) = |x - 3|$

$$g(x) = |x - 3|$$

$$= \begin{cases} x - 3 \text{ für } x - 3 \geqq 0 \\ -(x - 3) \text{ für } x - 3 < 0 \end{cases}$$

$$= \begin{cases} x - 3 \text{ für } x \geqq 3 \\ -x + 3 \text{ für } x < 3 \end{cases}$$

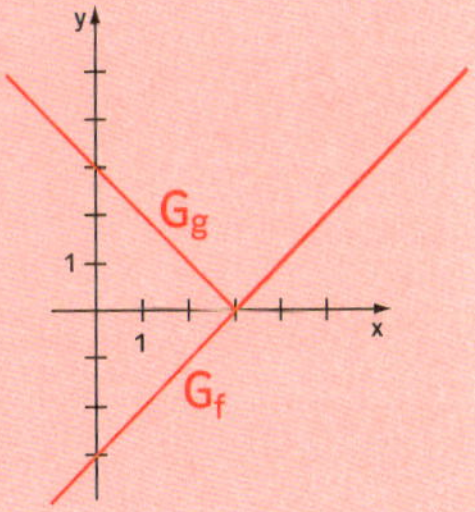

Analysis – Funktionen

Grundlegende Eigenschaften von Funktionen

QUICK-FINDER

Schnittpunkte des Graphen mit den Koordinatenachsen

- Nullstelle → S. 17

Symmetrie des Graphen

- Achsensymmetrie und Punktsymmetrie → S. 17

Monotonie

- (streng) monotones Fallen und Steigen → S. 20

Extrema

- lokale oder relative und globale oder absolute Maxima und Minima → S. 21

Quadratische Funktionen

- Quadratfunktion und Normalparabel → S. 22
- „Mitternachtsformel" → S. 23
- Satz von Vieta → S. 24
- Normalform, faktorisierte Form und Scheitelform der Funktionsgleichung → S. 24

1

Schnittpunkte des Graphen mit den Koordinatenachsen

NULLSTELLE Schneidet der Graph einer Funktion f die y-Achse im Punkt $S(0|y_s)$, so ist $y_s = f(0)$. Hat G_f mit der x-Achse einen Punkt $N(x_s|0)$ gemeinsam, so ist x_s eine Lösung der Gleichung $f(x) = 0$, und x_s heißt eine Nullstelle der Funktion f.

Beispiel 1: Schnittpunkte einer Parabel mit den Koordinatenachsen

$f: x \mapsto y = x^2 - 2x - 3$

$f(0) = -3$;
G_f schneidet die y-Achse in $(0|-3)$

$f(x) = 0 \Leftrightarrow x^2 - 2x - 3 = 0$
$\Leftrightarrow x = -1 \vee x = 3$;
G_f schneidet die x-Achse in $(-1|0)$ und in $(3|0)$, und f hat die Nullstellen -1 und 3.

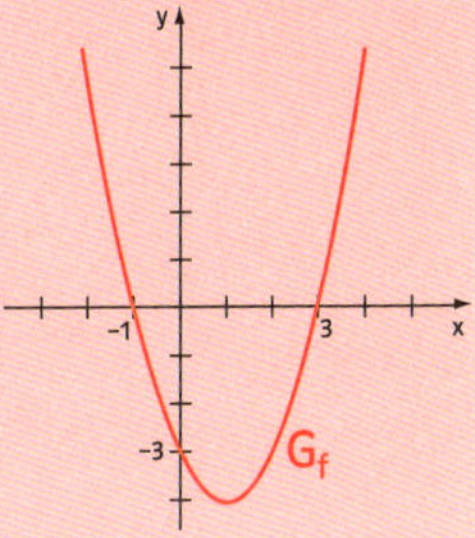

Symmetrie des Graphen

ACHSENSYMMETRIE UND PUNKTSYMMETRIE

a) Der Graph einer Funktion f ist achsensymmetrisch bezüglich der y-Achse, wenn für alle $x \in D_f$ gilt:
$f(-x) = f(x)$.
Die Funktion f heißt dann eine gerade Funktion.
Beispiele gerader Funktionen sind die cos-Funktion oder alle Potenzfunktionen $x \mapsto y = x^n$ mit geradzahligem $n \in \mathbb{Z}$ sowie die Betragsfunktion.

b) Der Graph einer Funktion f ist **punktsymmetrisch bezüglich des Ursprungs**, wenn für alle $x \in D_f$ gilt: $f(-x) = -f(x)$. Die Funktion f heißt dann eine **ungerade Funktion**. Beispiele ungerader Funktionen sind die sin-, die tan- und die sgn-Funktion sowie alle Potenzfunktionen $x \mapsto y = x^n$ mit ungeradzahligem $n \in \mathbb{Z}$.

a) $f(-x) = f(x)$ b) $f(-x) = -f(x)$

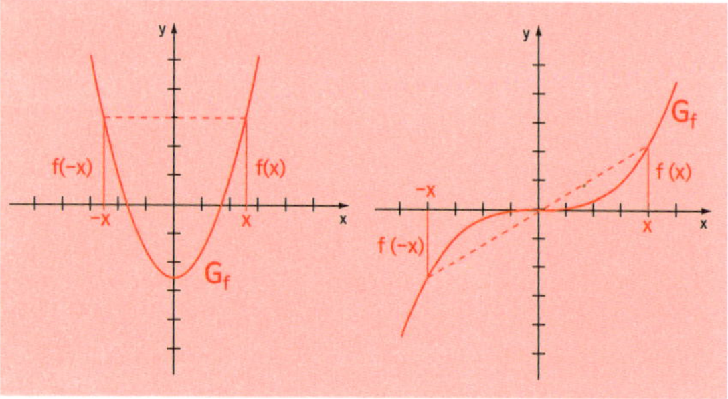

Soll eine Funktion f auf Symmetrie bezüglich des Koordinatensystems untersucht werden, berechnet man also auf jeden Fall $f(-x)$; stimmt das Ergebnis für alle $x \in D_f$ mit $f(x)$ bzw. mit $-f(x)$ überein, so liegt eine der beiden in a) bzw. b) genannten Symmetrien vor; andernfalls weist G_f keine Symmetrie bezüglich des Koordinatensystems auf.

c) Der Graph einer Funktion f ist **achsensymmetrisch bezüglich der Achse mit der Gleichung $x = a$**, wenn für alle $x \in D_f$ gilt:

$$f(a - x) = f(a + x).$$

Beispiel 2: Der Graph von $f\colon x \mapsto y = x^2 - 2x$ ist achsensymmetrisch bezüglich der Achse mit der Gleichung $x = 1$.

d) Der Graph einer Funktion f ist **punktsymmetrisch bezüglich des Zentrums $Z(a|b)$**, wenn für alle $x \in D_f$ gilt:

$b - f(a-x) = f(a+x) - b \quad \Leftrightarrow \quad f(a-x) + f(a+x) = 2b$

c) $f(a-x) = f(a+x)$ **d) $f(a-x) + f(a+x) = 2b$**

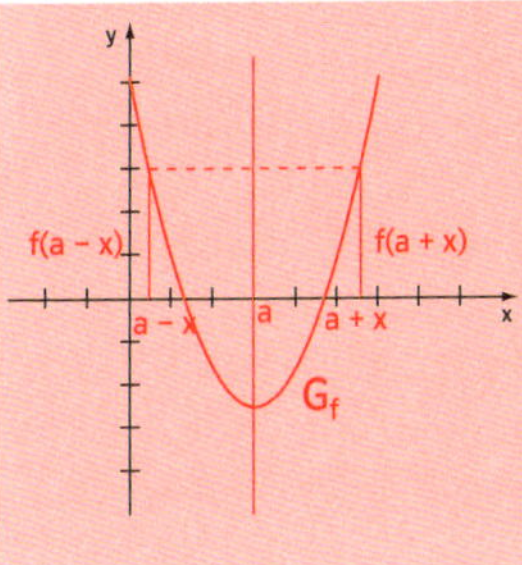

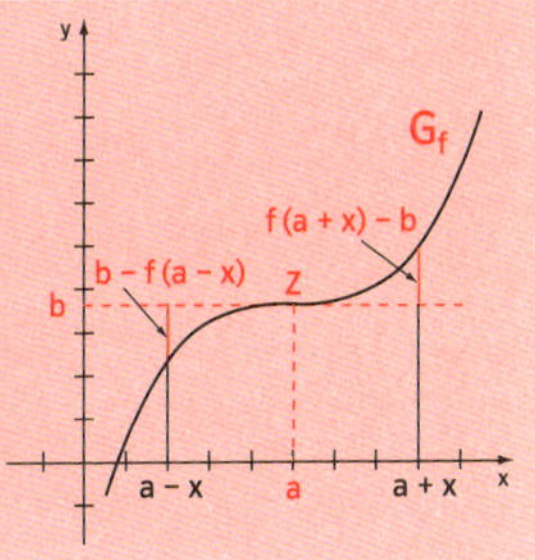

Beispiel 3: Die Symmetrie des Graphen von

$$f\colon \mathbb{R}\setminus\{3\} \to \mathbb{R},\ x \mapsto y = \frac{2x-5}{x-3}, \text{ bezüglich } Z(3|2)$$

soll nachgewiesen werden:

Für alle $x \in \mathbb{R}\setminus\{3\}$ gilt mit $a = 3$ und $b = 2$:

$$f(3-x) + f(3+x) = \frac{2(3-x)-5}{(3-x)-3} + \frac{2(3+x)-5}{(3+x)-3}$$

$$= \frac{6-2x-5}{-x} + \frac{6+2x-5}{x}$$

$$= \frac{-6+2x+5+6+2x-5}{x}$$

$$= \frac{4x}{x} = 4 = 2\cdot 2 = 2\cdot b$$

Monotonie

(STRENG) MONOTONES FALLEN UND STEIGEN Eine Funktion f heißt streng monoton zunehmend bzw. streng monoton abnehmend in einem Intervall [a; b], wenn für alle $x_1, x_2 \in [a; b]$ gilt:

$$x_1 < x_2 \Rightarrow f(x_1) < f(x_2) \quad \text{bzw.} \quad x_1 < x_2 \Rightarrow f(x_1) > f(x_2).$$

G_f heißt dann streng monoton steigend bzw. streng monoton fallend im Intervall [a; b].

Monoton steigend

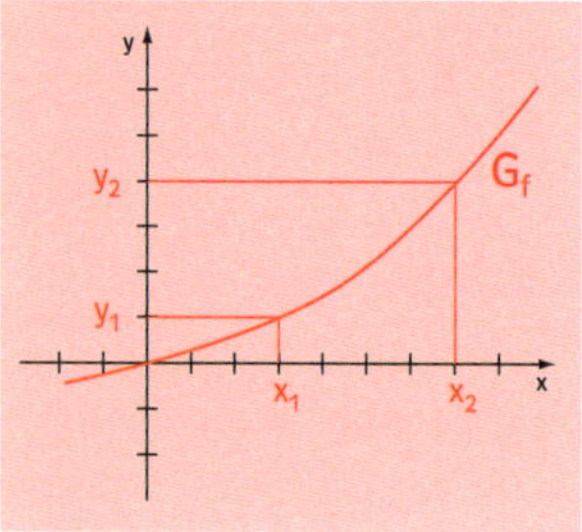

Eine Funktion f heißt monoton zunehmend oder monoton wachsend bzw. monoton abnehmend im Intervall [a; b], wenn für alle x_1, $x_2 \in [a; b]$ gilt:

$x_1 < x_2 \Rightarrow f(x_1) \leqq f(x_2)$

bzw.

$x_1 < x_2 \Rightarrow f(x_1) \geqq f(x_2)$

G_f heißt dann monoton steigend bzw. monoton fallend im Intervall [a; b].

Beispiel 4: Die Funktion f aus Beispiel 3 ist im Intervall $]3; \infty[$ streng monoton abnehmend.

Für $x_1, x_2 \in]3; \infty[$ folgt aus $x_1 < x_2$:

$$x_1 - 3 < x_2 - 3 \Rightarrow \frac{1}{x_1 - 3} > \frac{1}{x_2 - 3}$$

$$\Rightarrow 2 + \frac{1}{x_1 - 3} > 2 + \frac{1}{x_2 - 3}$$

$$\Rightarrow \frac{2(x_1 - 3) + 1}{x_1 - 3} > \frac{2(x_2 - 3) + 1}{x_2 - 3}$$

$$\Rightarrow \frac{2x_1 - 5}{x_1 - 3} > \frac{2x_2 - 5}{x_2 - 3} \Rightarrow f(x_1) > f(x_2)$$

Extrema

LOKALE ODER RELATIVE UND GLOBALE ODER ABSOLUTE MAXIMA UND MINIMA Ist f eine reelle Funktion, so nennt man $x_0 \in D_f$ ein **lokales oder relatives Minimum bzw. Maximum** von f, wenn gilt:

(*) $f(x) \geqq f(x_0)$ bzw. $f(x) \leqq f(x_0)$ für alle $x \neq x_0$

in einer Umgebung $U_\varepsilon(x_0) =]x_0 - \varepsilon; x_0 + \varepsilon[$ mit $\varepsilon \in \mathbb{R}^+$

$T(x_0 | f(x_0))$ bzw. $H(x_0 | f(x_0))$ heißt dann **Tiefpunkt bzw. Hochpunkt** von G_f.

eigentliches Maximum H

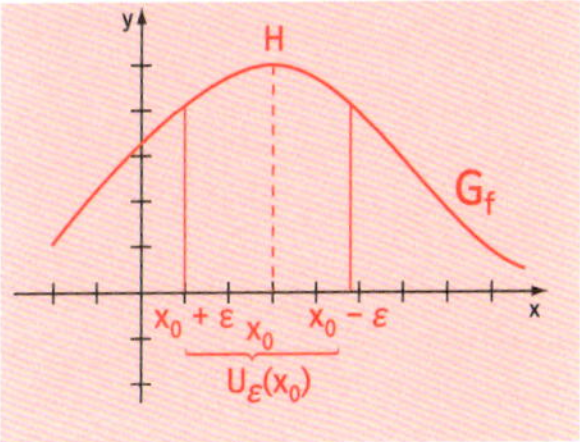

Das Minimum heißt **„eigentlich"**, wenn in (*) das Gleichheitszeichen im Ordnungszeichen nicht gilt.

x_0 heißt **globales oder absolutes Minimum bzw. Maximum** von f, wenn gilt:

$f(x) \geqq f(x_0)$ bzw.

$f(x) \leqq f(x_0)$

für alle $x \neq x_0$ in ganz D_f.

Maxima und Minima heißen zusammenfassend **Extrema.**

Absolute und relative Extrema

Die auf ℝ definierte Funktion f besitzt kein absolutes Minimum oder Maximum, aber das relative Maximum x_1 und das relative Minimum x_2.

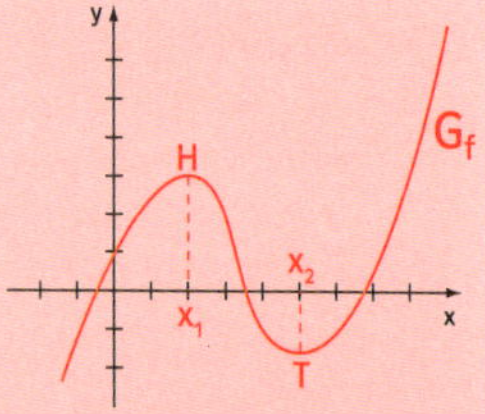

Die auf ℝ definierte Funktion g besitzt das absolute Maximum x_3.

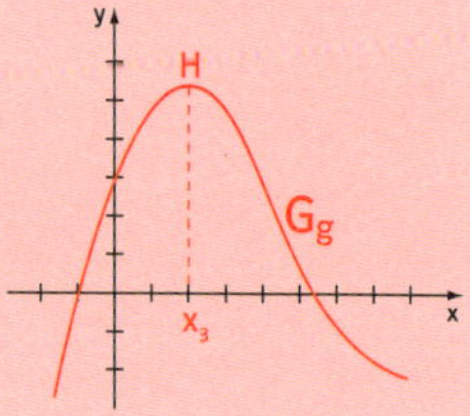

Quadratische Funktionen

QUADRATFUNKTION UND NORMALPARABEL Die Funktion

$$f: \mathbb{R} \to \mathbb{R}, x \mapsto y = x^2$$

heißt Quadratfunktion; ihr Graph heißt Normalparabel. Diese berührt die x-Achse im Ursprung. $x_0 = 0$ ist die einzige Nullstelle der Quadratfunktion und ihr absolutes Minimum. Der Ursprung heißt Scheitel der Normalparabel.
Da $(-x)^2 = x^2$ für alle $x \in \mathbb{R}$, ist die Normalparabel symmetrisch bezüglich der y-Achse.

Quadratfunktion $y = x^2$

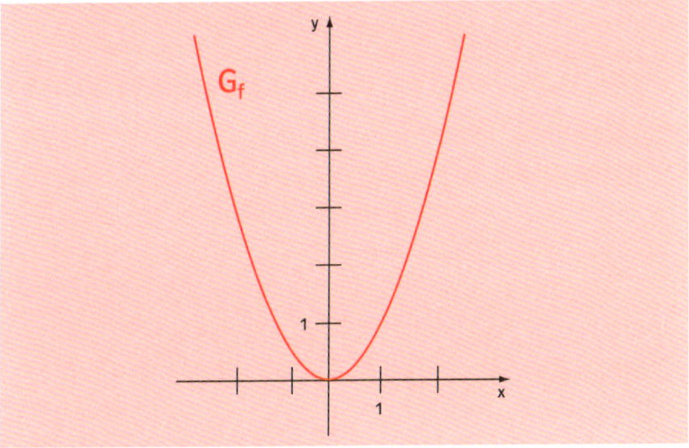

„MITTERNACHTSFORMEL" Die Funktion

$f: \mathbb{R} \to \mathbb{R}, x \mapsto y = ax^2 + bx + c$ mit $a, b, c \in \mathbb{R}; a \neq 0$,

ist die **allgemeine quadratische Funktion**. Ihr Graph ist eine **Parabel**. Diese ist für $a > 0$ nach oben, für $a < 0$ nach unten geöffnet. Für $|a| > 1$ ist sie schlanker, für $0 < |a| < 1$ ist sie breiter als die Normalparabel, für $|a| = 1$ ist sie zur Normalparabel kongruent. Die Nullstellen der quadratischen Funktion

$x \mapsto y = ax^2 + bx + c$ ergeben sich aus der

„Mitternachtsformel": $x_{1/2} = \dfrac{-b \pm \sqrt{b^2 - 4ac}}{2a}$;

dabei entscheidet die **Diskriminante** $D = b^2 - 4ac$ über die Anzahl der Nullstellen:

für $D > 0$ gibt es zwei verschiedene Nullstellen,
für $D = 0$ gibt es eine doppelte Nullstelle $-\frac{b}{2a}$, und
für $D < 0$ gibt es keine relle Nullstelle.

SATZ VON VIETA Über den Zusammenhang zwischen den Nullstellen $x_{1/2}$ und den Koeffizeinten a, b, c der quadratischen Funktionen gibt der Satz von Vieta Auskunft: $x_1 + x_2 = -\frac{b}{a}$; $x_1 \cdot x_2 = \frac{c}{a}$

NORMALFORM, FAKTORISIERTE FORM UND SCHEITELFORM DER FUNKTIONSGLEICHUNG Demnach lässt sich die Gleichung der quadratischen Funktion aus der Normalform $y = ax^2 + bx + c$ in die faktorisierte Form überführen:

$$y = a\left(x^2 + \frac{b}{a}x + \frac{c}{a}\right) = a(x^2 - (x_1 + x_2)x + x_1 \cdot x_2)$$
$$= a(x^2 - x_1x - x_2x + x_1 \cdot x_2)$$
$$\mathbf{y = a(x - x_1)(x - x_2)}$$

$x - x_1$ und $x - x_2$ bezeichnet man als Linearfaktoren.

Beispiel 1: Nullstellen und faktorisierte Form einer quadratischen Gleichung

$f: x \mapsto y = \frac{1}{2}x^2 - x - 1\frac{1}{2}$

$= \frac{1}{2}(x^2 - 2x - 3)$

$= \frac{1}{2}(x + 1)(x - 3)$

hat die Nullstellen

$x_1 = -1$ und

$x_2 = 3$

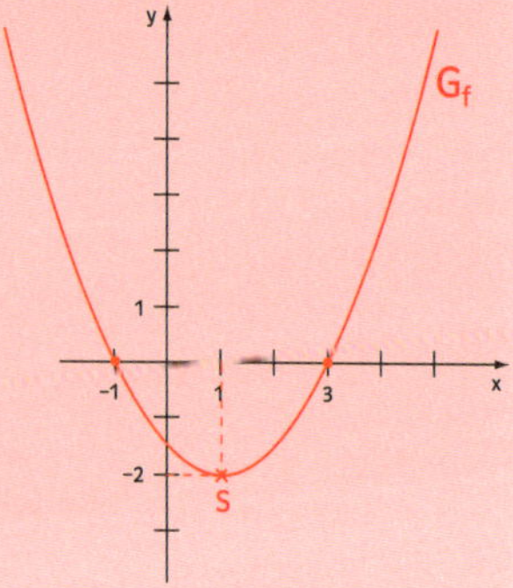

	x < −1	x = −1	−1 < x < 3	x = 3	x > 3
f(x)	+	0	–	0	+

Zur Bestimmung der Koordinaten des Scheitelpunkts des Graphen einer quadratischen Funktion f überführt man die Funktionsgleichung mit Hilfe quadratischer Ergänzung von der Normalform in die Scheitelform:

$$y = ax^2 + bx + c = a\cdot\left(x^2 + \frac{b}{a}x\right) + c$$
$$= a\cdot\left(x^2 + \frac{b}{a}x + \left(\frac{b}{2a}\right)^2\right) + c - a\cdot\left(\frac{b}{2a}\right)^2$$
$$= a\cdot\left(x + \frac{b}{2a}\right)^2 + c - \frac{b^2}{4a} = a\cdot\left(x - \left(-\frac{b}{2a}\right)\right)^2 + \frac{4ac - b^2}{4a}$$
$$= a\cdot(x - s)^2 + t$$

Dabei ist nun $S(s\,|\,t)$ der Scheitel des Graphen von f, und es gilt:

$$s = -\frac{b}{2a}; \quad t = \frac{4ac - b^2}{4a}$$

Beispiel 2: Scheitelform einer quadratischen Funktion

$$f(x) = \tfrac{1}{2}x^2 - x - 1\tfrac{1}{2} = \tfrac{1}{2}(x^2 - 2x + 1) - 1\tfrac{1}{2} - \tfrac{1}{2}\cdot 1$$
$$= \tfrac{1}{2}(x - 1)^2 - 2; \quad s = 1,\ t = -2; \quad S(1\,|\,-2)$$

Die Zeichnung von G_f findet sich unter Beispiel 1.

Anhand der Scheitelform erkennt man auch, wie der Graph der allgemeinen quadratischen Funktion aus dem der Quadratfunktion entsteht:

Die Normalparabel wird
- mit dem Streckfaktor $\frac{1}{a}$ und dem Ursprung als Zentrum zentrisch gestreckt;
- um $|s|$ horizontal verschoben, und zwar für $s > 0$ nach rechts bzw. für $s < 0$ nach links;
- um $|t|$ vertikal verschoben, und zwar für $t > 0$ nach oben bzw. für $t < 0$ nach unten.

Analysis – Funktionen

Umkehrfunktion

QUICK-FINDER

Umkehrbarkeit

KRITERIEN FÜR DIE UMKEHRBARKEIT EINER FUNKTION

Eine Funktion $f\colon D_f \to \mathbb{R}, x \mapsto y = f(x)$ heißt **umkehrbar**, wenn auch die Zuordnung $y \mapsto x$ eindeutig ist. f ist genau dann umkehrbar, wenn für alle $x_1, x_2 \in D_f$ gilt:

$$x_1 \neq x_2 \;\Rightarrow\; f(x_1) \neq f(x_2).$$

Anschaulich bedeutet dies, dass keine Parallele zur x-Achse mehr als einen Punkt mit dem Graphen von f gemeinsam haben darf. Diese Bedingung ist bei strenger Monotonie von f erfüllt (vgl. Seite 20).

Monotonie und Umkehrbarkeit

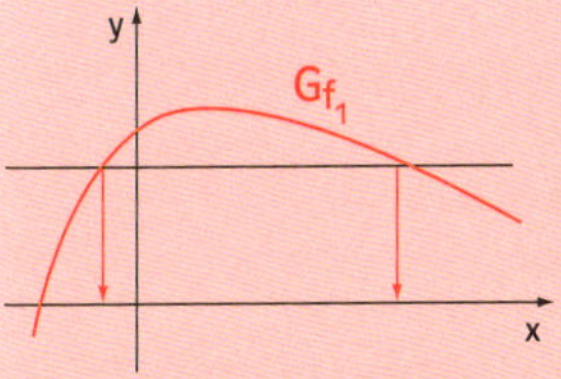

f_1 ist nicht umkehrbar

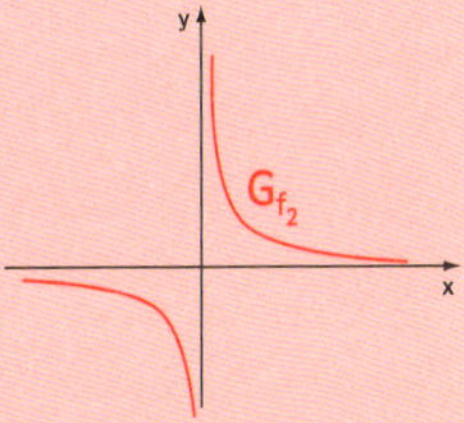

f_2 ist zwar nicht monoton, aber umkehrbar, denn jede Parallele zur x-Achse hat genau einen Punkt mit G_{f_2} gemeinsam

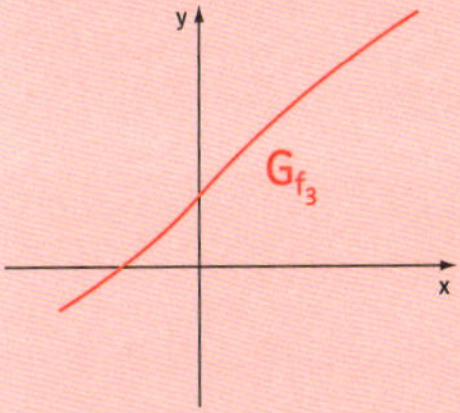

f_3 ist umkehrbar, da streng monoton zunehmend

Umkehrfunktion

BEGRIFF DER UMKEHRFUNKTION
Ist $f: D_f \to \mathbb{R}, x \mapsto y = f(x)$ mit der Wertemenge W_f umkehrbar, so wird durch die Zuordnung $y \mapsto x$ die Umkehrfunktion f^{-1} von f festgelegt.
Dabei gilt: $D_{f^{-1}} = W_f$; $W_{f^{-1}} = Df$.

DEFINITIONS- UND WERTEMENGE SOWIE GRAPH UND UMKEHRFUNKTION Gelingt es, die Funktionsgleichung $y = f(x)$ eindeutig nach x aufzulösen und in die Form $x = f^{-1}(y)$ zu bringen, so lautet die Umkehrfunkton f^{-1} mit y als Funktionsvariable:

$$f^{-1}: W_f \to \mathbb{R}, y \mapsto x = f^{-1}(y).$$

Üblicherweise vertauscht man die Variablen x und y und erhält für f^{-1} die folgende Schreibweise mit x als Funktonsvariable:

$$f^{-1}: W_f \to \mathbb{R}, x \mapsto y = f^{-1}(x).$$

Den Graphen von f^{-1} in dieser Schreibweise erhält man durch Spiegelung von G_f an der 1. Winkelhalbierenden des Koordinatensystems.

Beispiel 2: Umkehrfunktion einer linearen Funktion

$f: [-3; 5] \to \mathbb{R}, x \mapsto y = \frac{1}{2}x + \frac{1}{2}$
hat die Wertemenge $W_f = [-1; 3]$ und ist als lineare Funktion mit $m = \frac{1}{2}$ streng monoton steigend, also umkehrbar.

$y = \frac{1}{2}x + \frac{1}{2}$

$\Leftrightarrow \frac{1}{2}x = y - \frac{1}{2}$

$\Leftrightarrow x = 2y - 1 = f^{-1}(y);$

mit Variablentausch:

$f^{-1}: [-1; 3] \to \mathbb{R},$

$x \mapsto y = 2x - 1$

f^{-1} hat die Wertemenge $W_{f^{-1}} = [-3; 5] = D_f$

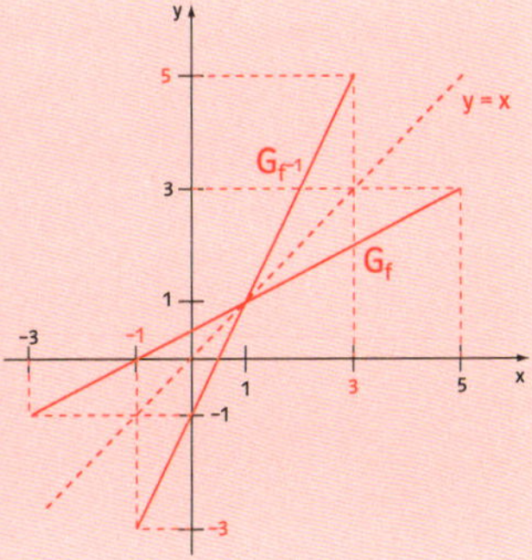

Wurzelfunktion

WURZELFUNKTION Die Quadratfunktion $f: \mathbb{R} \to \mathbb{R}; x \mapsto y = x^2$ (vgl. Seite 23) ist auf $\mathbb{R}$ nicht umkehrbar. Bildet man jedoch eine geeignete Einschränkung von f (Seite 8), z.B. auf $\mathbb{R}_0^+$, so erhält man eine streng monotone und damit umkehrbare Funktion:

$$g: \mathbb{R}_0^+ \to \mathbb{R}, x \mapsto y = x^2; \quad W_g = \mathbb{R}_0^+$$

Die Umkehrfunktion g^{-1} in der üblichen Form mit x als Variable lautet

$$g^{-1}: \mathbb{R}_0^+ \to \mathbb{R}, x \mapsto y = \sqrt{x}; \quad W_{g^{-1}} = \mathbb{R}_0^+$$

und heißt **Wurzelfunktion**.

Die Wurzelfunktion

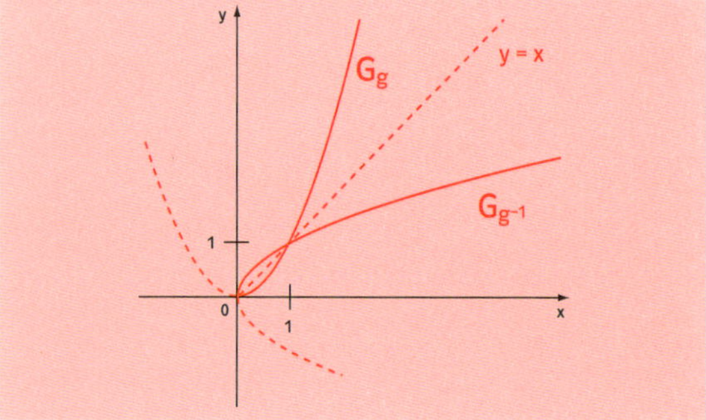

Funktionenscharen

FUNKTIONENSCHAR UND SCHAR-PARAMETER

$f_{-1}: \mathbb{R} \to \mathbb{R}, x \mapsto y = 2x - 1$

$f_0: \mathbb{R} \to \mathbb{R}, x \mapsto y = 2x$

$f_3: \mathbb{R} \to \mathbb{R}, x \mapsto y = 2x + 3$

Diese Funktionen gehören zu einer „Familie“: Ihre Graphen sind parallele Geraden mit der Steigung $m = 2$; nur der y-Achsen-Abschnitt ist verschieden. Alle drei Funktionen haben die gleiche „Bauart“:

$$f_t: \mathbb{R} \to \mathbb{R}, x \mapsto y = 2x + t$$

Lässt man für t mehrere reelle Zahlen zu, so erhält man eine Menge von Funktionen, eine Funktionenschar. Jeder Wert von t kennzeichnet dann genau eine Funktion dieser Schar; t heißt (Schar-)Parameter.

Typische Aufgabenstellungen

$f_k\colon \mathbb{R} \to \mathbb{R},\ x \mapsto f_k(x) = x^2 + kx - 2k;\ \ k \in \mathbb{R}$
ist eine Schar quadratischer Funktionen.

UNTERSUCHUNG AUF PUNKTE, DIE ZU DEN GRAPHEN EINER SCHAR GEHÖREN Man bestimmt die gemeinsamen Punkte zweier beliebiger Scharfunktionen, die zu den Parametern k_1 und k_2 ($k_1 \neq k_2$) gehören:

$$\begin{aligned} f_{k_1}(x) &= f_{k_2}(x) \\ x^2 + k_1 x - 2k_1 &= x^2 + k_2 x - 2k_2 \\ k_1 x - k_2 x &= 2k_1 - 2k_2 \\ (k_1 - k_2)x &= 2(k_1 - k_2) \qquad \mid :(k_1 - k_2),\ k_1 \neq k_2! \\ x &= 2 \\ f_k(2) &= 4 + 2k - 2k = 4 \quad \text{für alle } k \in \mathbb{R} \end{aligned}$$

$(2\,|\,4)$ ist gemeinsamer Punkt aller Schargraphen.

BESTIMMUNG DER GLEICHUNG VON ORTSLINIEN auf der besondere Punkte der Graphen der Scharfunktion liegen, z. B. der Ortslinie der Scheitelpunkte:

$$f_k(x) = x^2 + kx + \left(\tfrac{k}{2}\right)^2 - 2k - \left(\tfrac{k}{2}\right)^2 = \left(x + \tfrac{k}{2}\right)^2 - 2k - \tfrac{k^2}{4}$$

$$= \left(x + \tfrac{k}{2}\right)^2 - \frac{k^2 + 8k}{4}$$

$S_k\left(-\frac{k}{2}\,\middle|\,-\frac{k^2+8k}{4}\right)$ ist der Scheitelpunkt von G_{f_k}

$$x = -\frac{k}{2} \qquad (1)$$

$$y = -\frac{k^2 + 8k}{4} \qquad (2)$$

Graph

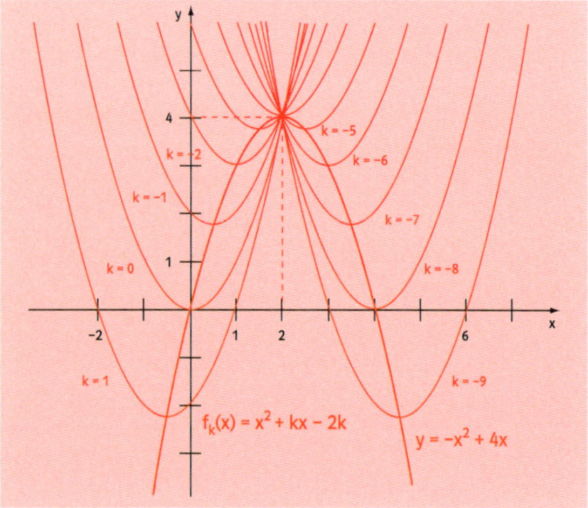

Aus diesem Gleichungssystem muss der Parameter eliminiert werden.

$$(1) \Rightarrow k = -2x$$

$$\text{in (2):} \quad y = -\frac{(-2x)^2 + 8 \cdot (-2x)}{4}$$

$$= -\frac{4x^2 - 16x}{4}$$

$$= -(x^2 - 4x)$$

$y = -x^2 + 4x$ ist die Gleichung der gesuchten Ortslinie.

Analysis – Funktionen

Polynomfunktionen

QUICK-FINDER

Begriffsbestimmung

- Begriff der Polynomfunktion ➛ S. 33

Symmetrie

- Symmetrie bezüglich des Koordinatensystems ➛ S. 34

Nullstellen

- Reduktionssatz ➛ S. 35

Begriffsbestimmung

BEGRIFF DER POLYNOMFUNKTION Die Gleichung der linearen bzw. der quadratischen Funktion war

$y = mx + t = a_1x + a_0$ bzw.

$y = ax^2 + bx + c = a_2x^2 + a_1c + a_0 \quad (a_2 \neq 0)$.

Fortsetzung mit höheren Potenzen von x führt zu folgender Definition:

> Eine Funktion
> $f\colon \mathbb{R} \to \mathbb{R},\ x \mapsto y = a_nx^n + a_{n-1}x^{n-1} + \ldots + a_1x + a_0$
> mit $a_i \in \mathbb{R}$ und $a_n \neq 0$ heißt **Polynomfunktion oder ganzrationale Funktion n-ten Grades**.

So ist z.B. $f\colon \mathbb{R} \to \mathbb{R},\ x \mapsto y = \frac{1}{3}x^4 - 2x^3 + 3x - \frac{1}{2}$ eine Polynomfunktion vierten Grades.

Symmetrie

SYMMETRIE BEZÜGLICH DES KOORDINATENSYSTEMS Der Graph einer Polynomfunktion ist symmetrisch bezüglich der y-Achse bzw. punktsymmetrisch bezüglich des Ursprungs, wenn der Funktionsterm ausschließlich geradzahlige bzw. ausschließlich ungeradzahlige Potenzen der Variablen enthält. $n = 0$ zählt als gerade Zahl.

Zur Begründung:

n gerade $\Rightarrow (-x)^n = x^n$

n ungerade $\Rightarrow (-x)^n = -x^n$

So ist beispielsweise $f\colon \mathbb{R} \to \mathbb{R},\ x \mapsto y = 2x^3 - \frac{1}{2}x$ eine ungerade, $g\colon \mathbb{R} \to \mathbb{R},\ x \mapsto y = 3x^4 + x^2 - 1$ eine gerade Funktion.

Beispiel 1: Anwendung in einer „Steckbrief-Aufgabe“

Gesucht ist eine Polynomfunktion 6. Grades, deren Graph symmetrisch bezüglich der y-Achse ist und durch den Punkt (2 | 4) sowie den Ursprung geht; außerdem soll die Funktion die Nullstellen 1 und 4 besitzen.

$f(x) = ax^6 + bx^5 + cx^4 + dx^3 + ex^2 + fx + g$

Symmetrie: $b = d = f = 0$

$f(x) = ax^6 + cx^4 + ex^2 + g$

$f(2) = 4 \Rightarrow (1) \quad 64a + 16c + 4e + g = 4$

$f(0) = 0 \Rightarrow (2) \quad g = 0$

$f(1) = 0 \Rightarrow (3) \quad a + c + e + g = 0$

$f(4) = 0 \Rightarrow (4) \quad 4096a + 256c + 16e + g = 0$

Lösen des Gleichungssystems ergibt

$f(x) = -\frac{1}{36}(x^6 - 17x^4 + 16x^2)$

1

Nullstellen

REDUKTIONSSATZ Bei der Berechnung der Nullstellen einer Polynomfuntion f n-ten Grades ist die Gleichung $f(x) = 0$, also eine Gleichung n-ten Grades zu lösen. Bekannt ist die Lösungsformel für quadratische Gleichungen. Lösungsformeln gibt es auch für Gleichungen 3. oder 4., aber nicht für Gleichungen höheren Grades.
Immerhin gilt der **Reduktionssatz**: Hat die Gleichung $f(x) = 0$ eine Lösung x_1, so ist das Polynom f(x) durch $(x - x_1)$ teilbar. f(x) lässt sich also in ein Produkt verwandeln; der eine Faktor ist der Linearfaktor $(x - x_1)$, der andere ein Polynom g(x), dessen Grad um 1 niedriger ist als der Grad von f(x). Auf diese Weise kann ein Polynom n-ten Grades fortgesetzt in ein Produkt von Linearfaktoren zerlegt werden.

Nullstellenberechnung mit Hilfe von Polynomdivision

Vom Polynom $f\colon x \mapsto y = x^3 + 4x^2 + x - 6$ sei $x_1 = 1$ als Nullstelle bekannt; notfalls lässt sich diese auch erraten! Damit kennt man den Linearfaktor $(x - 1)$ und kann **Polynomdivision** durchführen:

$$
\begin{array}{l}
(x^3 + 4x^2 + x - 6) : (x - 1) = x^2 + 5x + 6 = g(x) \\
\underline{-x^3 + x^2} \\
\qquad 5x^2 + x \\
\qquad \underline{-5x^2 + 5x} \\
\qquad\qquad 6x - 6 \\
\qquad\qquad \underline{-6x + 6} \\
\qquad\qquad\qquad 0
\end{array}
$$

Also ist $f(x) = (x - 1) \cdot (x^2 + 5x + 6) = (x - 1) \cdot (x + 2) \cdot (x + 3)$; und somit sind $x_1 = 1$, $x_2 = -2$ und $x_3 = -3$ als Nullstellen von f bekannt.

Nullstellenberechnung durch Faktorisieren und Lösen einer biquadratischen Gleichung

$f\colon \mathbb{R} \to \mathbb{R},\ x \mapsto y = -\frac{1}{36}(x^6 - 17x^4 + 16x^2)$, vgl. Beispiel 1!

Hier ist keine Polynomdivision erforderlich, denn aus $f(x)$ lässt sich x^2 ausklammern:

$$f(x) = -\frac{1}{36}x^2 \cdot (x^4 - 17x^2 + 16).$$

$$f(x) = 0 \Leftrightarrow x_{1/2} = 0 \vee x^4 - 17x^2 + 16 = 0$$

$x^4 - 17x^2 + 16$ ist eine biquadratische Gleichung, die sich durch die Substitution $z = x^2$ lösen lässt:

$$z^2 - 17z + 16 = 0;\ z_{1/2} = \frac{17 \pm \sqrt{289 - 4 \cdot 16}}{2} = \frac{17 \pm 15}{2}$$

$$z_1 = 16 \Rightarrow x_{3/4} = \pm 4; \quad z_2 = 1 \Rightarrow x_{5/6} = \pm 1;$$

also ist $f(x) = -\frac{1}{36}x^2 \cdot (x - 4) \cdot (x + 4) \cdot (x - 1) \cdot (x + 1)$.

f besitzt die doppelte Nullstelle 0 sowie die einfachen Nullstellen 4, −4, 1 und −1. Mehr Lösungen kann eine Gleichung 6. Grades nicht haben. Allgemein gilt: Jede Gleichung n-ten Grades besitzt höchstens n reelle Lösungen, die nicht alle voneinander verschieden sein müssen.

Analysis – Differenzialrechnung

Grenzwerte

QUICK-FINDER

Grenzwerte für $x \to \pm\infty$

- Konvergenz und asymptotische Annäherung ➤ **S. 38**
- Wichtige Grenzwerte ➤ **S. 39**
- Grenzwertsätze ➤ **S. 39**

Grenzwerte für $x \to x_0$

- Links- und rechtsseitiger Grenzwert ➤ **S. 42**
- Grenzwertsätze ➤ **S. 43**
- „h-Methode“ ➤ **S. 43**

Grenzwerte für $x \to \pm\infty$

Beispiel 1: Einführungsbeispiel für Grenzwert für $x \to \pm\infty$

$$f\colon \mathbb{R}_0^+,\ x \mapsto y = \frac{2x+6}{x+1} = \frac{2(x+1)+4}{x+1} = 2 + \frac{4}{x+1}$$

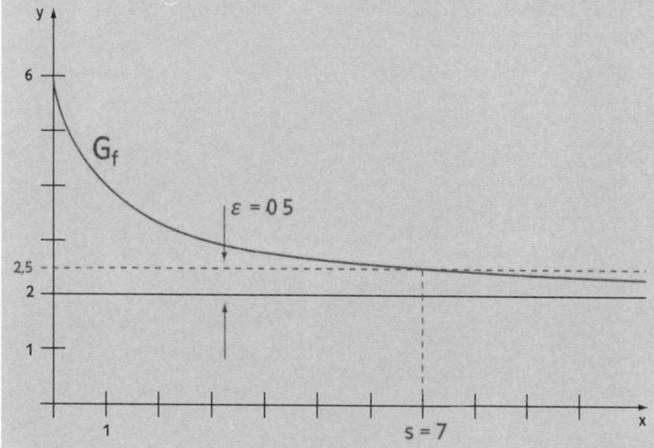

f(x) unterscheidet sich „beliebig wenig" vom Wert 2, wenn x nur „genügend groß" ist; G_f nähert sich „beliebig nahe" an die Gerade mit der Gleichung $y = 2$ an. Präzisierung dieses „Strebens gegen einen Grenzwert": Die Abweichung des Funktionsterms f(x) vom vermuteten Grenzwert 2 ist $|f(x) - 2| = \frac{4}{x+1}$; sie lässt sich „beliebig klein" machen:

$$|f(x) - 2| < 1 \quad \Leftrightarrow \frac{4}{x+1} < 1 \quad \Leftrightarrow 4 < x+1 \quad \Leftrightarrow x > 3$$

$$|f(x) - 2| < 0{,}5 \quad \Leftrightarrow \frac{4}{x+1} < 0{,}5 \quad \Leftrightarrow 8 < x+1 \quad \Leftrightarrow x > 7$$

$$|f(x) - 2| < 0{,}1 \quad \Leftrightarrow \frac{4}{x+1} < 0{,}1 \quad \Leftrightarrow 40 < x+1 \quad \Leftrightarrow x > 39$$

$$|f(x) - 2| < \varepsilon \quad \Leftrightarrow \frac{4}{x+1} < \varepsilon \quad \Leftrightarrow \frac{4}{\varepsilon} < x+1 \quad \Leftrightarrow x > \frac{4}{\varepsilon} - 1 =: s$$

KONVERGENZ UND ASYMPTOTISCHE ANNÄHERUNG Allgemein definiert man: Eine Funktion f mit nach rechts unbeschränkter Definitionsmenge D_f hat **für $x \to \infty$ den Grenzwert a**, wenn für jede positive Zahl ε eine positive Zahl s existiert, sodass $|f(x) - a| < \varepsilon$ für alle $x > s$.

Man sagt: Der **Grenzwert** von f für $x \to \infty$ ist a. f **konvergiert** für $x \to \infty$ gegen a.

Man schreibt: $f(x) \to a$ für $x \to \infty$; $\lim\limits_{x \to \infty} f(x) = a$

Der Graph von f nähert sich für $x \to \infty$ **asymptotisch** an die Gerade mit der Gleichung $y = a$ an.
Entsprechend lautet die Definition des Grenzwerts für $x \to -\infty$: Eine Funktion f mit nach links unbeschränkter Defintionsmenge D_f konvergiert für $x \to -\infty$ gegen den Grenzwert a, wenn für jede positive Zahl ε eine negative Zahl s existiert, sodass $|f(x) - a| < \varepsilon$ für alle $x < s$.
Schreibweise: $\lim\limits_{x \to -\infty} f(x) = a$.

Existiert bei einer Funktion kein Grenzwert für $x \to \infty$ bzw. für $x \to -\infty$, dann heißt die Funktion **divergent** für $x \to \infty$ bzw. für $x \to \infty$.

WICHTIGE GRENZWERTE

$\lim\limits_{x \to \pm\infty} \frac{c}{x} = 0$ für $c \in \mathbb{R}$ $\qquad$ $\lim\limits_{x \to \pm\infty} \frac{c}{x^n} = 0$ für $c \in \mathbb{R}, n \in \mathbb{N}$

GRENZWERTSÄTZE Von Bedeutung sind auch die folgenden **Grenzwertsätze**: Sind f und g zwei Funktionen, für die $\lim\limits_{x \to \infty} f(x) = a$ und $\lim\limits_{x \to \infty} g(x) = b$ existieren, so gilt:

$$\lim_{x \to \infty} (f(x) \pm g(x)) = a \pm b;$$

$$\lim_{x \to \infty} (f(x) \cdot g(x)) = a \cdot b;$$

$$\lim_{x \to \infty} \frac{f(x)}{g(x)} = \frac{a}{b}, \text{ falls } b \neq 0$$

Damit lässt sich z. B. der Grenzwert der Funktion f aus Beispiel 1 folgendermaßen bestimmen:

$$\lim_{x\to\infty} f(x) = \lim_{x\to\infty}\frac{2x+6}{x+1} = \lim_{x\to\infty}\frac{2+\frac{6}{x}}{1+\frac{1}{x}} = \frac{\lim\limits_{x\to\infty} 2+\frac{6}{x}}{\lim\limits_{x\to\infty} 1+\frac{1}{x}}$$

$$= \frac{\lim\limits_{x\to\infty} 2 + \lim\limits_{x\to\infty}\frac{6}{x}}{\lim\limits_{x\to\infty} 1 + \lim\limits_{x\to\infty}\frac{1}{x}} = \frac{2+0}{1+0} = 2$$

Dies muss nicht immer so ausführlich geschrieben werden; der wesentliche Schritt ist das Kürzen des Bruches $\frac{2x+6}{x+1}$ mit x.

Beispiel 2: Grenzwertberechnung für $x \to \pm\infty$

$$\lim_{x\to-\infty}\frac{5x^2-12x}{2x^3+3} = \frac{\lim\limits_{x\to-\infty}\frac{5}{x}-\frac{12}{x^2}}{2+\frac{3}{x^3}} = \frac{0-0}{2-0} = 0$$

Wesentlicher Schritt ist das Kürzen mit x^3, also mit der höchsten vorkommenden Potenz von x.

Manchmal ist zur Grenzwertbestimmung die Abschätzung mit Hilfe einer Schrankenfunktion hilfreich:

Beispiel 3: Grenzwertberechnung für $x \to \pm\infty$ mit Hilfe einer Schrankenfunktion

$$f\colon [1;\infty[\, \to \mathbb{R},\ x \mapsto y = 2\cdot\frac{\sin\left(\frac{\pi}{2}x\right)}{x}$$

$$\left.\begin{array}{l} |f(x)| = \frac{2}{|x|}\cdot\left|\sin\left(\frac{\pi}{2}x\right)\right| \le \frac{2}{|x|}\cdot 1 = \frac{2}{x} \\ \lim\limits_{x\to\infty}\frac{2}{x} = 0 \end{array}\right\} \lim_{x\to\infty} f(x) = 0$$

Allgemein gilt der Satz:
Ist $|f(x)| \leqq |g(x)|$ und ist $\lim\limits_{x \to \infty} g(x) = 0$,
so ist erst recht $\lim\limits_{x \to \infty} f(x) = 0$.

Nützlich kann auch der folgende Satz sein (vgl. Seite 8):
Ist f eine monoton zunehmende, nach oben beschränkte Funktion mit dem Supremum S und mit nach rechts unbeschränktem Definitionsbereich, so ist
$\lim\limits_{x \to \infty} f(x) = S$.

Grenzwerte für $x \to x_0$

Beispiel 4: Grenzwert für $x \to x_0$

$f\colon \mathbb{R}\setminus\{1\} \to \mathbb{R}$,

$x \mapsto y = \frac{x^2 - 4}{4x - 4}$

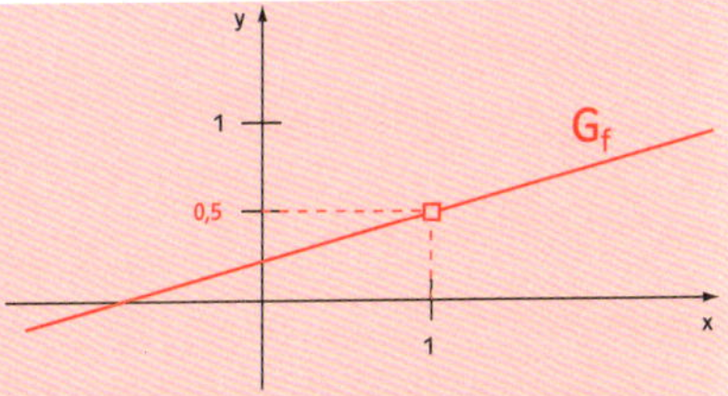

f(x) unterscheidet sich „beliebig wenig" vom Wert 0,5, wenn man x nur „nahe genug" bei $x_0 = 1$ wählt. Die Abweichung des Funktionswerts f(x) vom vermuteten Grenzwert 0,5 ist $|f(x) - 0{,}5| = \left|\frac{x^2 - 1}{4x - 4} - \frac{1}{2}\right| = \ldots = \frac{x - 1}{4} = \frac{|x - 1|}{4}$; sie lässt sich „beliebig klein" machen:

$|f(x) - 0{,}5| < 1 \quad \Leftrightarrow \frac{|x-1|}{4} < 1 \quad \Leftrightarrow |x - 1| < 4$
$\Leftrightarrow -3 < x < 5$

$|f(x) - 0{,}5| < 0{,}1 \quad \Leftrightarrow \frac{|x-1|}{4} < 0{,}1 \quad \Leftrightarrow |x - 1| < 0{,}4$
$\Leftrightarrow 0{,}6 < x < 1{,}4$

$|f(x) - 0{,}5| < \varepsilon \quad \Leftrightarrow \frac{|x-1|}{4} < \varepsilon \quad \Leftrightarrow |x - 1| < 4\varepsilon = \delta$
$\Leftrightarrow 1 - \delta < x < 1 + \delta$

LINKS- UND RECHTSSEITIGER GRENZWERT Allgemein definiert man: Eine Funktion f sei beiderseits einer Stelle x_0 definiert, f hat für $x \to x_0$ den Grenzwert a, wenn für jede positive Zahl ε eine positive Zahl δ existiert, sodass $|f(x) - a| < \varepsilon$ für alle x mit $|x - x_0| < \delta$.

Man sagt: Der Grenzwert von f für $x \to x_0$ ist a.
f konvergiert für $x \to x_0$ gegen a.

Man schreibt: $f(x) \to a$ für $x \to x_0$
$\lim\limits_{x \to x_0} f(x) = a$

Die Annäherung an die Stelle x_0 erfolgt von links bzw. von rechts. Im ersten Fall gilt $0 < x_0 - x < \delta$, im zweiten $0 < x - x_0 < \delta$, und man erhält

den linksseitigen Grenzwert $\lim\limits_{x \lesssim x_0} f(x)$ bzw.

den rechtsseitigen Grenzwert $\lim\limits_{x \gtrsim x_0} f(x)$.

Konvergiert die Funktion f für $x \to x_0$, so gilt
$\lim\limits_{x \lesssim x_0} f(x) = \lim\limits_{x \gtrsim x_0} f(x) = \lim f(x)$.

Existiert dagegen auch nur einer der beiden einseitigen Grenzwerte nicht oder sind diese verschieden, so existiert auch $\lim\limits_{x \to x_0} f(x)$ nicht und f heißt divergent für $x \to x_0$.

GRENZWERTSÄTZE Analog zu Abschnitt 1 gelten wieder die Grenzwertsätze:
Sind f und g zwei Funktionen, für die $\lim\limits_{x \to x_0} f(x) = a$ und und $\lim\limits_{x \to x_0} g(x) = b$ existieren, so gilt

$$\lim_{x \to x_0} (f(x) \pm g(x)) = a \pm b;$$

$$\lim_{x \to x_0} (f(x) \cdot g(x)) = a \cdot b;$$

$$\lim_{x \to x_0} \frac{f(x)}{g(x)} = \frac{a}{b}, \text{ falls } b \neq 0$$

Damit lässt sich z. B. der Grenzwert der Funktion aus Beispiel 4 folgendermaßen bestimmen:

$$\lim_{x \to 1} f(x) = \lim_{x \to 1} \frac{x^2 - 1}{4x - 4} = \lim_{x \to 1} \frac{(x+1)(x-1)}{4(x-1)}$$

$$= \lim_{x \to 1} \frac{x+1}{4} = \frac{\lim\limits_{x \to 1} (x+1)}{\lim\limits_{x \to 1} 4} = \frac{2}{4} = 0{,}5$$

h-METHODE Ein wichtiges Verfahren zur Grenzwertberechnung ist die so genannte **h-Methode**, im Folgenden wieder anhand von Beispiel 4 durchgeführt:

$$\lim_{x \to 1} f(x) = \lim_{h \to 0} f(1+h) = \lim_{h \to 0} \frac{(1+h)^2 - 1}{4(1+h) - 4}$$

$$= \lim_{h \to 0} \frac{1 + 2h + h^2 - 1}{4 + 4h - 4}$$

$$= \lim_{h \to 0} \frac{2h + h^2}{4h}$$

$$= \lim_{h \to 0} \frac{2+h}{4} = \frac{2}{4} = 0{,}5$$

Da h sowohl positiv als auch negativ sein kann, berechnet man im Beispiel der letzten beiden Zeilen sowohl den rechts- als auch den linksseitigen Grenzwert.

Analysis – Differenzialrechnung

Gebrochen rationale Funktionen

QUICK-FINDER

Charakteristisches

- Begriff der gebrochen rationalen Funktion → S. 45
- Methode des „Felder-Abstreichens“ → S. 45

Verhalten für $x \to \pm\infty$

- Horizontale und schiefe Asymptote sowie asymptotische Kurve → S. 46

Verhalten von Definitionslücken

- Unendlichkeits- oder Polstelle → S. 49
- Zusammenfassung → S. 52

Charakteristisches

BEGRIFF DER GEBROCHEN RATIONALEN FUNKTION Eine (gebrochen) rationale Funktion ist der Quotient von zwei Polynomfunktionen:

$$f: x \mapsto y = \frac{a_n x^n + a_{n-1} x^{n-1} + \ldots + a_1 x + a_0}{b_m x^m + b_{m-1} x^{m-1} + \ldots + b_1 x + b_0}$$

Ist der Nenner nur eine Konstante b_0, dann ist f eine einfache Polynomfunktion. Ist der Grad n des Nennerpolynoms größer als der Grad z des Zählerpolynoms, so heißt f eine echt (gebrochen) rationale Funktion. Ist $n \leqq z$, so lässt sich f(x) durch Polynomdivision in einen ganzrationalen und einen echt-rationalen Term zerlegen.

METHODE DES „FELDER-ABSTREICHENS" Die Nullstellen x_i einer gebrochen rationalen Funktion sind die des Zählerpolynoms ($x_i \in D_f$). Die Definitionslücken sind die Nullstellen des Nennerpolynoms. Nullstellen und Definitionslücken erkennt man am besten, wenn man Zähler und Nenner soweit wie möglich faktorisiert. Dann erhält man auch alle Informationen über das Vorzeichen der Funktion in den einzelnen Intervallen und kann mit Hilfe der Methode des Felder-Abstreichens einen Überblick über den Verlauf des Graphen gewinnen:

Beispiel 1: Felder abstreichen

$f(x) = \frac{x^2 - 4x}{x^2 + 2x - 3} = \frac{x(x-4)}{(x+3)(x-1)}$

f hat die Nullstellen 0 und 4 und die Definitionslücken −3 und 1; $D_{max} = \mathbb{R} \setminus \{-3; 1\}$.
In den gefärbten abgestrichenen Feldern liegen keine Graphenpunkte.

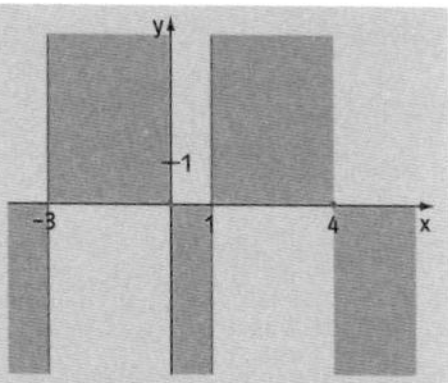

	$x < -3$	$x = -3$	$-3 < x < 0$	$x = 0$	$0 < x < 1$	$x = 1$	$1 < x < 4$	$x = 4$	$x > 4$
$x(x-4)$	+	+	+	0	−	−	−	0	+
$(x+3)(x-1)$	+	0	−	−	−	0	+	+	+
$f(x)$	+	n.d.	−	0	+	n.d.	−	0	+

Verhalten für $x \to \pm\infty$

HORIZONTALE UND SCHIEFE ASYMPTOTE SOWIE ASYMPTOTISCHE KURVE Im Folgenden wird mit z wieder der Grad des Zähler- mit n der Grad des Nennerpolynoms bezeichnet.

Beispiel 2: Asymptotische Annäherung an die x-Achse

$f: x \mapsto y = \frac{2x}{x^2 + 1}$ (also $z < n$; f ist echt rational)

$$\lim_{x \to \infty} f(x) = \lim_{x \to \infty} \frac{\frac{2}{x}}{1 + \frac{1}{x^2}} = +0$$

$$\lim_{x \to -\infty} f(x) = \lim_{x \to -\infty} \frac{\frac{2}{x}}{1 + \frac{1}{x^2}} = -0$$

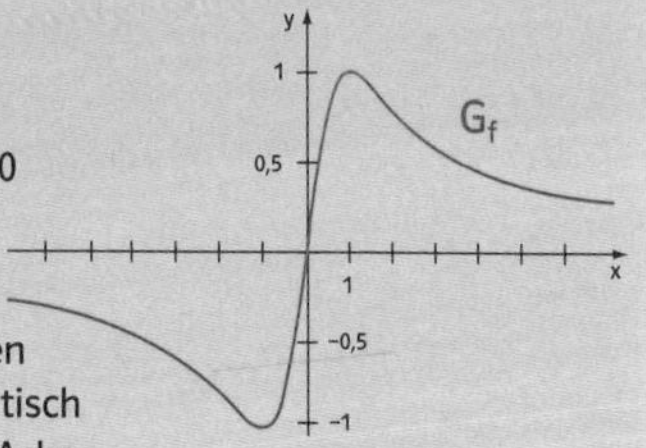

G_f nähert sich für $x \to \infty$ bzw. für $x \to -\infty$ von oben bzw. von unten asymptotisch an die x-Achse an; die x-Achse ist **Asymptote** von G_f für $x \to \pm\infty$

Beispiel 3: Annäherung an eine horizontale Asymptote

$f: x \mapsto y = \frac{2x^2}{x^2+1} = 2 - \frac{2}{x^2+1}$ (also z = n)

$$\lim_{x \to \pm\infty} f(x) = \lim_{x \to \pm\infty} \left(2 - \frac{\frac{2}{x^2}}{1 + \frac{1}{x^2}} \right) = 2 - 0$$

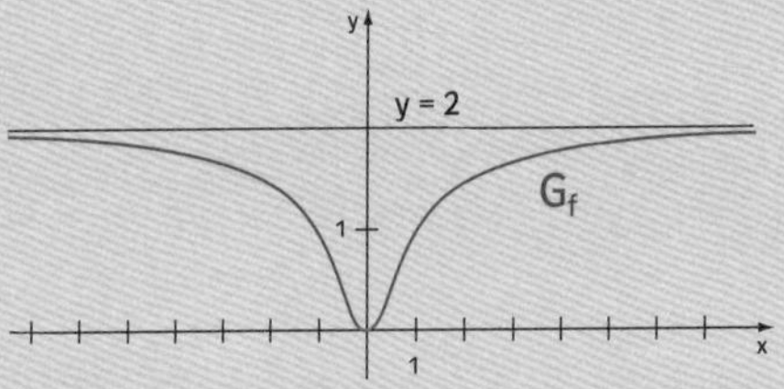

G_f nähert sich für $x \to \infty$ bzw. für $x \to -\infty$ von unten asymptotisch an die Gerade mit der Gleichung $y = 2$ an; die Parallele zur x-Achse mit der Gleichung $y = 2$ ist **Asymptote** von G_f für $x \to \pm\infty$

Beispiel 4: Annäherung an eine schiefe Asymptote

$f: x \mapsto y = \frac{x^3}{2x^2+2} = \frac{1}{2}x - \frac{x}{2x^2+2}$ (also z = n + 1)

$f(x) \to +\infty$ für $x \to \infty$,
$f(x) \to -\infty$ für $x \to -\infty$

aber:

$$\lim_{x \to \infty} \left(f(x) - \tfrac{1}{2}x \right) = \lim_{x \to \infty} \frac{-x}{2x^2+2} = -0$$

$$\lim_{x \to -\infty} \left(f(x) - \tfrac{1}{2}x \right) = \lim_{x \to -\infty} \frac{-x}{2x^2+2} = +0$$

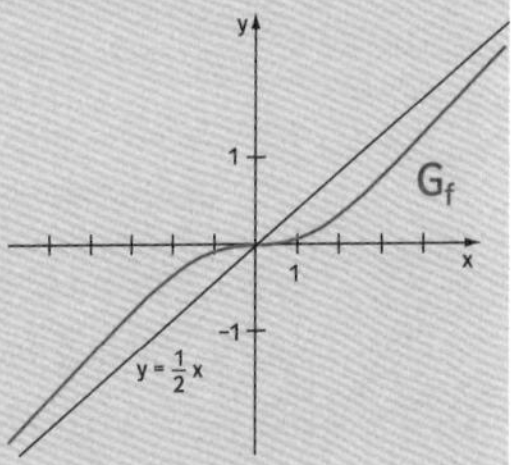

G_f nähert sich für $x \to \infty$ bzw. für $x \to -\infty$ von unten bzw. von oben asymptotisch an die Gerade mit der Gleichung $y = \frac{1}{2}x$ an; diese ist **schiefe Asymptote** von G_f für $x \to \pm\infty$

Beispiel 5: Annäherung an eine asymptotische Kurve

$f\colon x \mapsto y = \frac{x^4}{2x^2+2} = \frac{1}{2}x^2 - \frac{1}{2} + \frac{1}{2x^2+2}$ (also $z > n + 1$)

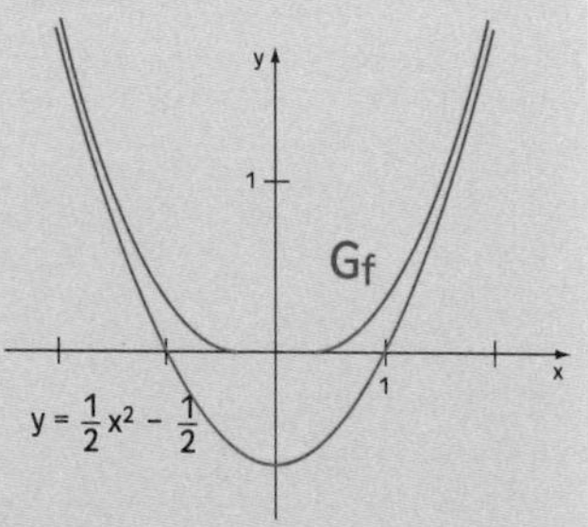

$f(x) \to +\infty$ für $x \to \infty$,
$f(x) \to -\infty$ für $x \to -\infty$

aber:

$$\lim_{x\to\infty}\left(f(x) - \left(\tfrac{1}{2}x^2 - \tfrac{1}{2}\right)\right) = \lim_{x\to\infty}\frac{1}{2x^2+2} = +0$$

$$\lim_{x\to-\infty}\left(f(x) - \left(\tfrac{1}{2}x^2 - \tfrac{1}{2}\right)\right) = \lim_{x\to-\infty}\frac{1}{2x^2+2} = +0$$

G_f nähert sich für $x \to \pm\infty$ von oben asymptotisch an die Parabel mit der Gleichung $y = \frac{1}{2}x^2 - \frac{1}{2}$ an, diese ist **asymptotische Kurve** von G_f für $x \to \pm\infty$.

Zusammenfassung

für $x \to \pm\infty$ nähert sich G_f asymptotisch dem Graphen	
$z < n$	der linearen Funktion $x \mapsto y = 0$; die x-Achse ist **horizontale Asymptote**
$z = n$	der linearen Funktion $x \mapsto y = \frac{a_n}{b_n}$ $(\neq 0)$; die Parallele zur x-Achse mit der Gleichung $y = \frac{a_n}{b_n}$ ist **horizontale Asymptote**
$z = n + 1$	einer linearen Funktion $x \mapsto y = mx + t$ $(m \neq 0)$; die Gerade mit der Gleichung $y = mx + t$ ist **schiefe Asymptote**

$z > n + 1$	einer Polynomfunktion von Grad $z - n$; der Graph dieser Polynomfunktion ist **asymptotische Kurve**

Verhalten an Definitionslücken

UNENDLICHKEITS- ODER POLSTELLE Im Folgenden sei $f(x) = \frac{Z(x)}{N(x)}$ und $N(x_0) = 0$, also $x_0 \notin D_f$.

1. Fall: $Z(x_0) \neq 0$

Dann ist $\lim\limits_{x \to x_0} Z(x) = Z(x_0) \neq 0$ und $\lim\limits_{x \to x_0} N(x) = N(x_0) = 0$,

also $f(x) \to +\infty$ oder $f(x) \to -\infty$ für $x \stackrel{<}{\to} x_0$ und für $x \stackrel{>}{\to} x_0$.

G_f hat bei x_0 eine **Unendlichkeitsstelle** oder einen **Pol** (eine Polstelle) und besitzt als **vertikale Asymptote** die zur y-Achse parallele Gerade mit der Gleichung $x = x_0$.

Beispiel 6: Pol mit Vorzeichenwechsel

$f\colon x \mapsto y = \frac{2x - 4}{x - 3}$, $x_0 = 3$

$f(x) \to -\infty$ für $x \stackrel{<}{\to} 3$;

$f(x) \to +\infty$ für $x \stackrel{>}{\to} 3$

f hat bei $x_0 = 3$ einen **Pol mit Vorzeichenwechsel** von − nach +

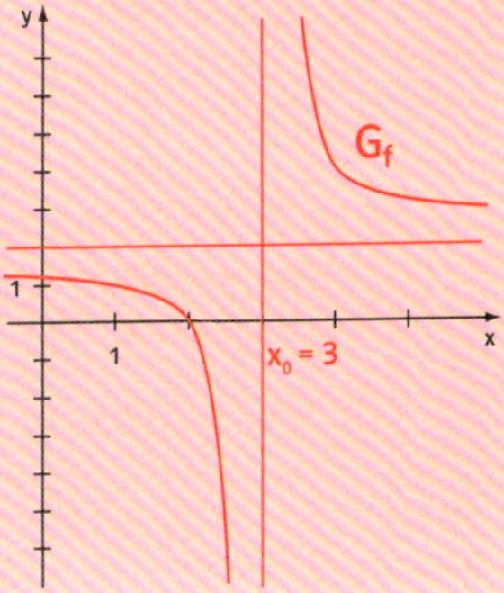

Beispiel 7: Pol ohne Vorzeichenwechsel

$f\colon y = \frac{2x-4}{(x-3)^2}$, $x_0 = 3$

$f(x) \to +\infty$

für $x \overset{<}{\to} 3$ und für $x \overset{>}{\to} 3$

f hat bei $x_0 = 3$ einen **Pol ohne Vorzeichenwechsel**.

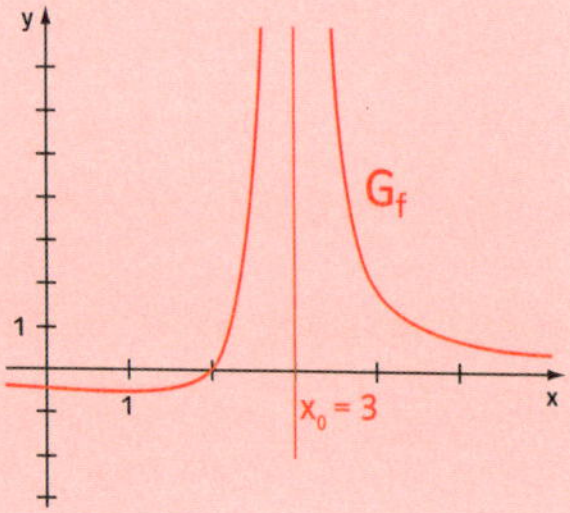

Ist x_0 keine Nullstelle des Zählers und eine q-fache Nullstelle des Nenners, so hat f bei x_0 einen Pol q-ter Ordnung. Ist q ungerade, so handelt es sich um einen Pol mit Vorzeichenwechsel, ist q gerade, so handelt es sich um einen Pol ohne Vorzeichenwechsel.

2. Fall: $Z(x_0) = 0$

x_0 ist nun also Nullstelle von Zähler und Nenner, das heißt Zähler und Nenner enthalten $(x - x_0)$ als Linearfaktor:

$$f(x) = \frac{Z(x)}{N(x)} = \frac{(x-x_0)^p \cdot u(x)}{(x-x_0)^q \cdot v(x)} = (x-x_0)^{p-q} \cdot \frac{u(x)}{v(x)},$$

wobei $p, q \in \mathbb{N}$, $u(x_0) \neq 0$, $v(x_0) \neq 0$.

1. Unterfall: $p < q$

Dann ist $f(x) = \frac{1}{(x-x_0)^{q-p}} \cdot \frac{u(x)}{v(x)}$, und $f(x) \to \pm\infty$ für $x \overset{<}{\to} x_0$ und für $x \overset{<}{\to} x_0$; f hat bei x_0 einen Pol, G_f eine vertikale Asymptote. Ist $q - p$ gerade bzw. ungerade, so handelt es sich um einen Pol ohne bzw. mit Vorzeichenwechsel.

Beispiel 8: Pol mit Vorzeichenwechsel

$f: x \mapsto y = \frac{2x^2 - 10x + 12}{x^3 - 7x^2 + 15x - 9} = \frac{(x-3) \cdot (2x-4)}{(x-3)^2 \cdot (x-1)}$

$f(x) \to -\infty$ für $x \lesssim 3$, $f(x) \to +\infty$ für $x \gtrsim 3$

f hat bei $x_0 = 3$ einen Pol mit Vorzeichenwechsel von − nach +.

2. Unterfall: $p \geqq q$

Jetzt konvergiert f für $x \to x_0$ gegen einen endlichen Grenzwert c; f hat bei x_0 keinen Pol, G_f hat keine vertikale Asymptote, sondern das **Loch** $(x_0 | c)$.

Beispiel 9: Stetig behebbare Definitionslücke: „Loch"

$f: x \mapsto y = \frac{2x^3 - 16x^2 + 42x - 36}{x^3 - 7x^2 + 15x - 9} = \ldots = \frac{(x-3)^2 \cdot (2x-4)}{(x-3)^2 \cdot (x-1)}$; $x_0 = 3$

$\lim\limits_{x \to 3} f(x) = \lim\limits_{x \to 3} \frac{2x-4}{x-1}$

$= \frac{2}{2} = 1$

G_f hat bei $x_0 = 3$ keine senkrechte Asymptote, sondern das Loch (3 | 1).

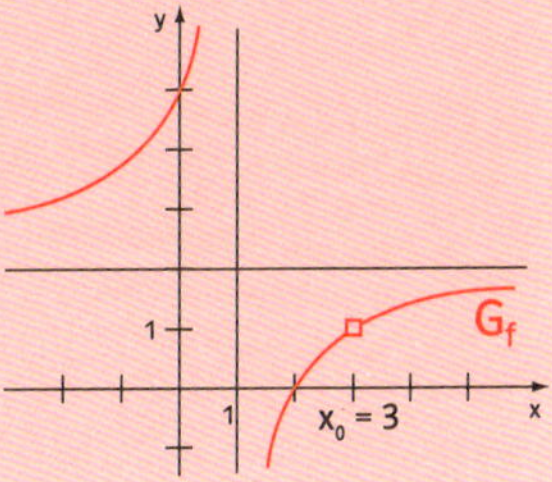

Zusammenfassung

Ist x_0 eine q-fache Nullstelle des Nennerpolynoms, also eine Definitionslücke der rationalen Funktion

$$f\colon x \mapsto y = \frac{Z(x)}{N(x)}, \text{ so gilt:}$$

<table>
<tr><td rowspan="2">$Z(x_0) \neq 0$</td><td colspan="2">f hat bei x_0 eine Unendlichkeitsstelle oder einen Pol q-ter Ordnung; G_f hat die Parallele zur y-Achse mit der Gleichung $x = x_0$ als vertikale Asymptote</td></tr>
<tr><td>q ungerade:
Pol mit VZW</td><td>q gerade:
Pol ohne VZW</td></tr>
<tr><td rowspan="6">$Z(x_0) = 0$</td><td colspan="2">Zähler- und Nennerpolynom enthalten $(x - x_0)$ als Linearfaktor:
$f(x) = \frac{(x - x_0)^p \cdot u(x)}{(x - x_0)^q \cdot v(x)} = (x - x_0)^{p-q} \cdot \frac{u(x)}{v(x)}$
wobei $u(x_0) \neq 0, v(x_0) \neq 0$</td></tr>
<tr><td colspan="2">$p < q$ f hat bei x_0 einen Pol der Ordnung $q - p$; G_f hat die Parallele zur y-Achse mit der Gleichung $x = x_0$ als vertikale Asymptote</td></tr>
<tr><td>q – p ungerade:
Pol mit VZW</td><td>q – p gerade:
Pol ohne VZW</td></tr>
<tr><td colspan="2">$p \geq q$ $\lim\limits_{x \to x_0} f(x) = c$ existiert;
f hat bei x_0 keinen Pol, G_f keine vertikale Asymptote, sondern das Loch $(x_0 \mid c)$</td></tr>
<tr><td>$p > q$: $c = 0$
das Loch $(x_0 \mid 0)$ liegt auf der x-Achse</td><td>$p = q$: $c \neq 0$
das Loch $(x_0 \mid c)$ liegt nicht auf der x-Achse</td></tr>
</table>

Analysis – Differenzialrechnung

Stetigkeit

QUICK-FINDER

Begriffsbestimmung

Weitere Sätze über stetige Funktionen

Stetige Fortsetzung

Begriffsbestimmung

BEGRIFF DER (UN)STETIGKEIT Eine Funktion $f\colon D_f \to \mathbb{R}$, $x \mapsto y = f(x)$ ist an der Stelle $x_0 \in D_f$ **stetig**, wenn $\lim\limits_{x \to x_0} f(x)$ existiert und mit $f(x_0)$ übereinstimmt:

$$\lim_{x \to x_0} f(x) = f(x_0).$$

(Andernfalls heißt f an der Stelle x_0 **unstetig**.)

Die Funktion f heißt im Intervall $]a; b[\in D_f$ stetig, wenn sie an jeder Stelle $x_0 \in]a; b[$ stetig ist.
(An den Rändern eines abgeschlossenen Intervalls kann einseitige Stetigkeit vorliegen.)

Beispiel 1: Stetige Funktion

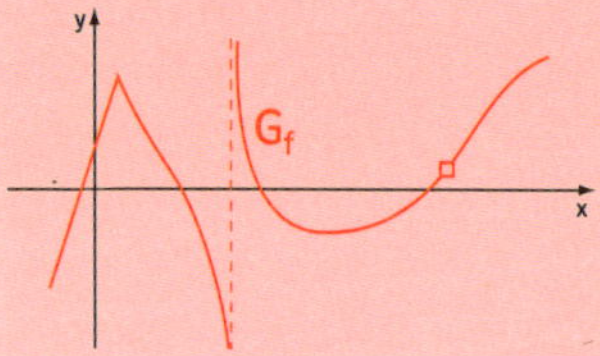

Die dargestellte Funktion f ist auf ihrem ganzen Definitionsbereich stetig.

Beispiel 2: Unstetige Funktionen

a) Die sgn-Funktion (vgl. Seite 15) ist an der Stelle $x_0 = 0$ unstetig.

b)

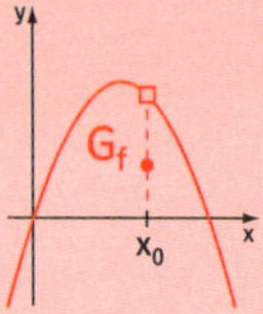

c)

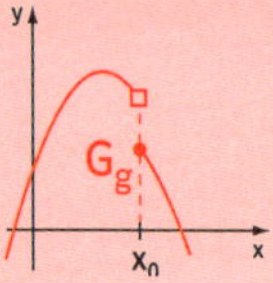

d)

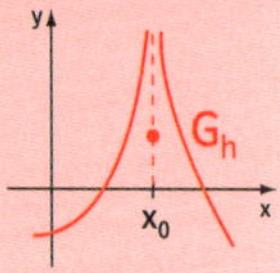

Die in b, c und d dargestellten Funktion f, g und h sind jeweils an der Stelle x_0 unstetig.

SÄTZE ÜBER STETIGE FUNKTIONEN Jeweils auf dem ganzen Definitionsbereich stetig ist:

- die Betragsfunktion (vgl. Seite 14)
- die Wurzelfunktion (vgl. Seite 29)
- jede Polynomfunktion (vgl. Seite 34)
- jede rationale Funktion (vgl. Seite 44)
- jede trigonometrische Funktion (vgl. Seite 90)
- die Logarithmusfunktion (vgl. Seite 111)
- die Exponentialfunktion (vgl. Seite 119)

Darüber hinaus gilt der Verknüpfungssatz:
Sind zwei Funktionen f und g in einem gemeinsamen Intervall I stetig, so sind auch

- ihre Summe und ihre Differenz $f \pm g$,
- ihr Produkt $f \cdot g$,
- ihr Quotient $\frac{f}{g}$ (für alle $x \in D$ mit $g(x) \neq 0$),
- ihre Verkettung $f \circ g$

in I stetig.

Weitere Sätze über stetige Funktionen

ZWISCHENWERTSATZ Ist eine Funktion f auf [a; b] stetig und gilt $f(a) < c < f(b)$ oder $f(a) > c > f(b)$, so gibt es mindestens ein $x_0 \in]a; b[$ mit $f(x_0) = c$.

NULLSTELLENSATZ Ist eine Funktion f auf [a, b] stetig und gilt $f(a) < 0 < f(b)$ oder $f(a) > 0 > f(b)$, so besitzt f mindestens eine Nullstelle $x_0 \in]a; b[$.

EXTREMWERTSATZ Ist eine Funktion auf [a; b] stetig, so ist sie auf [a; b] beschränkt und besitzt hier ein absolutes Extremum.

Stetige Fortsetzung

STETIGE BEHEBBARKEIT VON DEFINITIONSLÜCKEN Eine Funktion $\tilde{f}$ heißt stetige Fortsetzung einer Funktion f auf eine Stelle x_0, wenn $\tilde{f}$ eine Fortsetzung (vgl. Seite 8) von f auf die Stelle x_0 ist und wenn $\tilde{f}$ an der Stelle x_0 stetig ist.

Beispiel 3: Nicht stetig behebbare Definitionslücken

a)

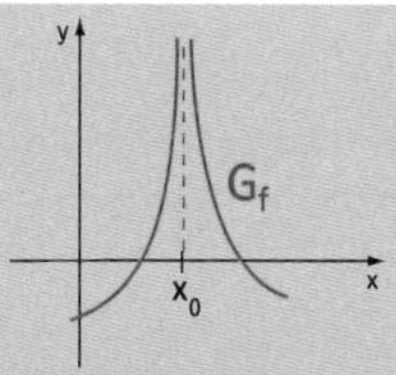

b)

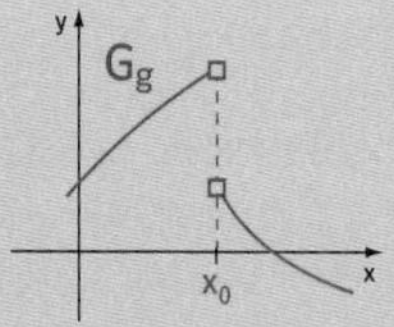

Die in a und b dargestellten Funktion f und g lassen sich auf die Stelle x_0 nicht stetig fortsetzen.

Beispiel 4: Stetige Fortsetzung

$$f\colon \mathbb{R}\setminus\{3\} \to \mathbb{R},\ x \mapsto y = \frac{x^3 - 7x^2 + 7x + 15}{2x - 6} = \frac{(x-3)(x+1)(x-5)}{2(x-3)}$$

lässt sich auf die Stelle $x_0 = 3$ stetig fortsetzen, denn es gilt:

$$\lim_{x \stackrel{<}{\to} 3} f(x) = \lim_{x \stackrel{>}{\to} 3} f(x) = -4$$

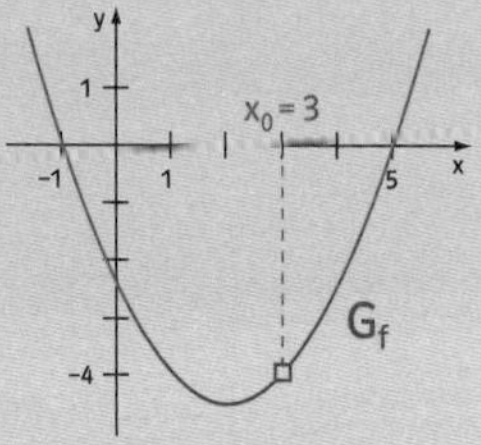

Stetige Fortsetzung ist

$$\tilde{f}\colon \mathbb{R} \to \mathbb{R},\ x \mapsto y = \frac{(x+1)(x-5)}{2} = \frac{1}{2}(x^2 - 4x - 5)$$

Ebenso lässt sich jede gebrochen-rationale Funktion, deren Graph das Loch $(x_0 \mid c)$ besitzt (vgl. Seite 51), stetig auf x_0 fortsetzen.

Analysis – Differenzialrechnung

Ableitung – Differenzierbarkeit

QUICK-FINDER

Definitionen

ABLEITUNG Um die Steigung einer Funktion $f\colon D_f \to \mathbb{R}$, $x \mapsto y = f(x)$ in einem Punkt $P(x_0 \mid f(x_0))$ zu ermitteln, geht man wie folgt vor: Zunächst berechnet man die Steigung der Sekante s durch P und einen weiteren Graphenpunkt $Q(x \mid f(x))$:

$$m_s(x) = \frac{\Delta y}{\Delta x} = \frac{f(x) - f(x0)}{x - x0} = \frac{f(x0 + h) - f(x0)}{h}$$

Dies ist der von Seite 11 bekannte Differenzenquotient.

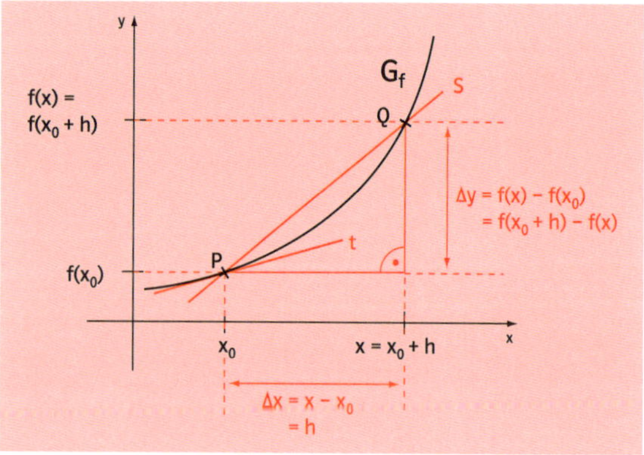

Nun lässt man den Punkt Q von rechts $(x > x_0;\ h > 0)$ und von links $(x < x_0;\ h < 0)$ immer näher an P heran wandern. Hat der Differenzenquotient für $x \to x_0$ einen Grenzwert, so heißt f an der Stelle x_0 differenzierbar, und

$$f'(x_0) = \lim_{x \to x_0} \frac{f(x) - f(x_0)}{x - x_0} = \lim_{h \to 0} \frac{f(x_0 + h) - f(x_0)}{h}$$

heißt **Ableitung** von f an der Stelle x_0.

Statt $f'(x_0) = \lim\limits_{x \to x_0} \frac{\Delta y}{\Delta x}$ schreibt man in Anlehnung an **Leibniz** auch $\frac{dy}{dx}$ und spricht vom **Differenzialquotienten** als Grenzwert des Differenzenquotienten.

TANGENTE UND NORMALE $f'(x_0)$ gibt nun die Steigung des Graphen von f im Punkt $P(x_0 | f(x_0))$ an; als **Tangente t** an G_f in P definiert man die Gerade durch P mit der Steigung $m_t = f'(x_0)$.

Beispiel 1: Nicht-Differenzierbarkeit der Betragsfunktion

Die Betragsfunktion (vgl. Seite 14) ist an der Stelle $x_0 = 0$ **nicht** differenzierbar; es gilt:

$$\lim_{x \lessapprox 0} \frac{|x| - |0|}{x - 0} = \lim_{x \lessapprox 0} \frac{-x - 0}{x - 0} = \lim_{x \lessapprox 0} (-1) = -1$$

$$\neq \lim_{x \gtrapprox 0} \frac{|x| - |0|}{x - 0} = \lim_{x \gtrapprox 0} \frac{x - 0}{x - 0} = \lim_{x \gtrapprox 0} 1 = 1;$$

$\text{abs}'(0) = \lim\limits_{x \to 0} \frac{|x| - |0|}{x - 0}$ existiert also nicht; dies entspricht der Anschauung: der Graph hat in $P(0 | 0)$ einen Knick mit dem Knickwinkel 90°

Beispiel 2: Ableitung der Quadratfunktion

Die Quadratfunktion $f: \mathbb{R} \to \mathbb{R}, x \mapsto y = x^2$ ist für alle $x_0 \in \mathbb{R}$ differenzierbar, z. B. an der Stelle $x_0 = 1{,}5$:

$$
\begin{aligned}
f'(1{,}5) &= \lim_{x \to 1{,}5} \frac{f(x) - f(1{,}5)}{x - 1{,}5} \\
&= \lim_{h \to 0} \frac{f(1{,}5 + h) - f(1{,}5)}{h} \\
&= \lim_{h \to 0} \frac{(1{,}5 + h)^2 - 1{,}5^2}{h} \\
&= \lim_{h \to 0} \frac{1{,}5^2 + 3h + h^2 - 1{,}5^2}{h} \\
&= \lim_{h \to 0} \frac{h(3 + h)}{h} \\
&= \lim_{h \to 0} (3 + h) = 3
\end{aligned}
$$

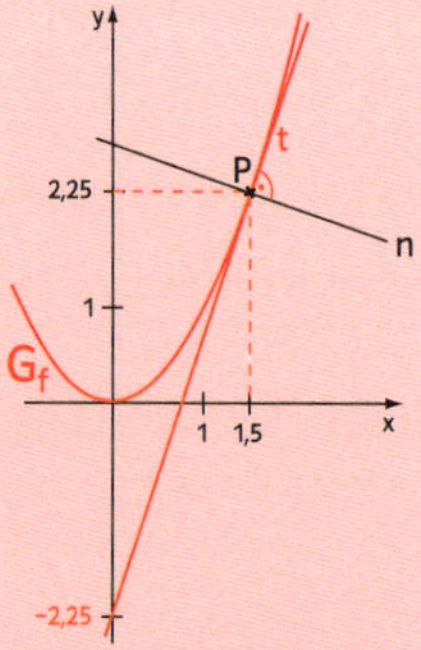

Die Tangente t an G_f in $P(1{,}5 \mid 2{,}25)$ hat also die Steigung 3: $y = 3x + t$; $t = 2{,}25 - 4{,}5 = -2{,}25$; die Gleichung von t lautet somit: $y = 3x - 2{,}25$.

Manchmal spielt auch die **Normale** zum Graphen G_f einer Funktion f im Punkt $P(x_0 \mid f(x_0))$ eine Rolle; die Normale ist die Lotgerade zur Tangente in P, ihre Steigung ist also

$$m_n = -\frac{1}{m_t} = -\frac{1}{f'(x_0)}$$ (vgl. Seite 13)

In Beispiel 2 hat die Normale zu G_f in P also die Steigung $-\frac{1}{3}$:

$$
\begin{aligned}
y &= -\tfrac{1}{3}x + t \\
2{,}25 &= -\tfrac{1}{3} \cdot 1{,}5 + t \quad \Rightarrow \quad t = 2{,}25 + 0{,}5 = 2{,}75 \\
y &= -\tfrac{1}{3}x + 2{,}75
\end{aligned}
$$

DIFFERENZIERBARKEIT Im letzten Schritt geht es darum, die Steigung des Graphen einer Funktion f nicht nur an einer bestimmten Stelle x_0, sondern an einer beliebigen Stelle x zu berechnen: Eine Funktion f, die an jeder Stelle eines Intervalls $]a; b[\subset D_f$ differenzierbar ist, heißt in diesem Intervall **differenzierbar**; und die Menge aller Elemente x aus $D_{f'}$ für die f differenzierbar ist, heißt **Differenzierbarkeitsbereich** $D_{f'}$ von f.

Unter der **Ableitung(sfunktion)** einer Funktion

$f\colon D_f \to \mathbb{R},\ x \mapsto y = f(x)$ versteht man die Funktion

$$f'\colon D_f \to \mathbb{R},\ x \mapsto f'(x) = \lim_{h \to 0} \frac{f(x+h) - f(x)}{h}$$

Für f'(x) gibt es wieder verschiedene Schreibweisen:

$f'(x) = y' = \frac{dy}{dx} = \frac{df(x)}{dx} = \frac{d}{dx} f(x)$.

Aus der Leibniz-Schreibweise ist erkennbar, nach welcher Variablen abgeleitet wurde. Ist die Variable nicht x, sondern die Zeit t, so wird die Ableitung nach t durch einen Punkt gekennzeichnet, z. B. $\dot{s} = \frac{ds}{dt}$

Schließlich noch eine Sprechweise: Eine Funktion zu **differenzieren** bedeutet, ihre Ableitungsfunktion zu berechnen.

Beispiel 3: Ableitungsfunktion der Quadratfunktion

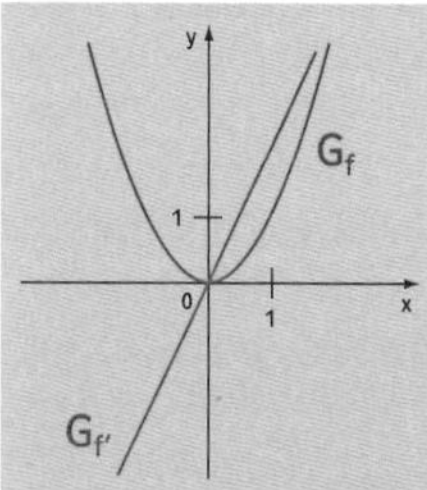

Differenziation der Quadratfunktion

$f\colon \mathbb{R} \to \mathbb{R},\ x \mapsto y = x^2$ (vgl. Beispiel 2)

f ist in ganz $\mathbb{R}$ differenzierbar.

$f'\colon \mathbb{R} \to \mathbb{R},\ x \mapsto f'(x)$

$$= \lim_{h \to 0} \frac{f(x+h) - f(x)}{h} = \frac{(x+h)^2 - x^2}{h}$$

$$= \lim_{h \to 0} \frac{x^2 + 2xh + h^2 - x^2}{h}$$

$$= \lim_{h \to 0} \frac{(2x + h) \cdot h}{h}$$

$$= \lim_{h \to 0} (2x + h) = 2x$$

z. B. ist also $f'(1{,}5) = 2 \cdot 1{,}5 = 3$ (vgl. Beispiel 2).

Darüber hinaus erkennt man:

für $x < 0$: $f'(x) < 0 \Rightarrow G_f$ ist streng monoton fallend;

für $x > 0$: $f'(x) > 0 \Rightarrow G_f$ ist streng monoton steigend;

für $x = 0$: $f'(x) = 0 \Rightarrow G_f$ hat im Ursprung, d. h. im Scheitelpunkt, eine horizontale Tangente.

Beispiel 4: Ableitungsfunktion der Wurzelfunktion

Die Wurzelfunktion $f\colon \mathbb{R}_0^+ \to \mathbb{R},\ x \mapsto y = \sqrt{x}$ (vgl. Seite 29) ist in $\mathbb{R}^+$ differenzierbar.

$$f'(x) = \lim_{h \to 0} \frac{f(x+h) - f(x)}{h} = \lim_{h \to 0} \frac{\sqrt{x+h} - \sqrt{x}}{h}$$

$$= \lim_{h \to 0} \frac{(\sqrt{x+h} - \sqrt{x}) \cdot (\sqrt{x+h} + \sqrt{x})}{h \cdot (\sqrt{x+h} + \sqrt{x})}$$

$$= \lim_{h \to 0} \frac{x + h - x}{h \cdot (\sqrt{x+h} + \sqrt{x})}$$

$$= \lim_{h \to 0} \frac{h}{h \cdot (\sqrt{x+h} + \sqrt{x})}$$

$$= \lim_{h \to 0} \frac{1}{\sqrt{x+h} + \sqrt{x}} = \frac{1}{2\sqrt{x}};$$

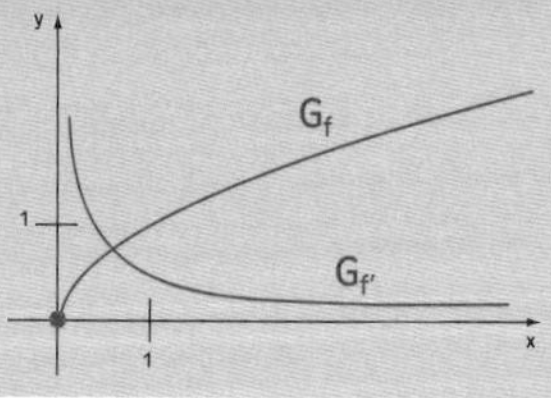

$f'(x) \to \infty$ für $x \gtrsim 0$

SATZ ÜBER DEN ZUSAMMENHANG ZWISCHEN DIFFERENZIERBARKEIT UND STETIGKEIT Hierfür gilt der Satz:

> Ist eine Funktion f an der Stelle x_0 differenzierbar, so ist f an dieser Stelle auch stetig.

Wichtig ist, dass der Kehrsatz **nicht** gilt:
Das Standardbeispiel hierzu liefert die Betragsfunktion; sie ist an der Stelle $x_0 = 0$ zwar stetig (vgl. Seite 55), aber bei $x_0 = 0$ nicht differenzierbar (vgl. Beispiel 1 auf Seite 59).
Ebenfalls wichtig ist die Kontraposition des Satzes:
Ist eine Funktion f an der Stelle x_0 nicht stetig, so ist f an dieser Stelle auch nicht differenzierbar; das Standardbeispiel hierzu liefert die Signumfunktion, die an der Stelle $x_0 = 0$ nicht stetig und daher an dieser Stelle auch nicht differenzierbar ist.

Einfache Ableitungen

ABLEITUNG DER POTENZFUNKTION, DER WURZELFUNKTION UND DER BETRAGSFUNKTION Es ergibt sich durch Berechnung mit Hilfe der h-Methode:

f(x)	f′(x)	
c = const.	0	
x	1	
x^2	$2x$	vgl. Seite 62, Bsp. 3
x^3	$3x^2$	
x^4	$4x^3$	
⋮	⋮	

x^n $\sqrt{x} = x^{\frac{1}{2}}$ $\lvert x \rvert$	$n \cdot x^{n-1}$ $\frac{1}{2\sqrt{x}} = \frac{1}{2} \cdot x^{-\frac{1}{2}}$ $\operatorname{sgn}(x)$ (für $x \neq 0$)	vgl. Seite 62, Bsp. 4

Folgerungen aus den Grenzwertsätzen sind die beiden folgenden Regeln:

$$(f \pm g)'(x) = f'(x) \pm g'(x) \quad \text{(Summenregel)}$$
$$(c \cdot f)'(x) = c \cdot f'(x) \quad \text{für } c = \text{const.}$$

SUMMENREGEL Als Spezialfall der Summenregel gilt:

$$(f \pm c)'(x) = f'(x) \quad \text{für } c = \text{const.}$$

Allein mit den bisher aufgeführten Regeln gelingt die Differenziation jeder Polynomfunktion!

Beispiel 1: Ableitung einer Polynomfunktion

$f\colon \mathbb{R} \to \mathbb{R},\ x \mapsto y = \frac{3}{4}x^4 + \frac{1}{6}x^3 - 2x + 7$ hat die Ableitung:

$$f'\colon \mathbb{R} \to \mathbb{R},\ x \mapsto y = \frac{3}{4} \cdot 4x^3 + \frac{1}{6}x \cdot 3x^2 - 2 \cdot 1 + 0$$
$$= 3x^3 + \frac{1}{2}x^2 - 2$$

Produkt- und Quotientenregel

Etwas schwieriger sind die Regeln für die Berechnung der Ableitung des Produkts und des Quotienten zweier Funktionen:

PRODUKTREGEL

$$(f \cdot g)'(x) = f'(x) \cdot g(x) + f(x) \cdot g'(x)$$

Beispiel 2: Produktregel

$f\colon \mathbb{R}_0^+ \to \mathbb{R},\ x \mapsto y = x^3 \cdot \sqrt{x}$ hat die Ableitung:

$$f'\colon \mathbb{R}^+ \to \mathbb{R},\ x \mapsto y = 3x^2 \cdot \sqrt{x} + x^3 \cdot \frac{1}{2\sqrt{x}}$$
$$= \frac{3x^2 \cdot \sqrt{x} \cdot 2\sqrt{x} + x^3}{2\sqrt{x}}$$
$$= \frac{6x^3 + x^3}{2\sqrt{x}} = \frac{7x^3}{2\sqrt{x}} = \frac{3{,}5x^3}{\sqrt{x}} = 3{,}5x^2 \cdot \sqrt{x}$$

Zu diesem Ergebnis wäre man auch gekommen, hätte man $f(x) = x^3 \cdot \sqrt{x} = x^3 \cdot x^{\frac{1}{2}} = x^{3{,}5}$ geschrieben und dann nach der Regel für die Ableitung der Potenzfunktion gerechnet:

$$f'(x) = 3{,}5 \cdot x^{2{,}5} = 3{,}5x^2 \cdot x^{\frac{1}{2}} = 3{,}5x^2 \cdot \sqrt{x}.$$

QUOTIENTENREGEL Damit gelingt die Differenziation jeder gebrochen-rationalen Funktion.

$$\left(\frac{f}{g}\right)'(x) = \frac{g(x) \cdot f'(x) - f(x) \cdot g'(x)}{(g(x))^2}$$

Beispiel 3: Quotientenregel

$f\colon \mathbb{R}\setminus\{3\} \to \mathbb{R},\ x \mapsto y = \frac{5x^2 - 7x + 2}{2x - 6}$ hat die Ableitung

$$f'\colon \mathbb{R}\setminus\{3\} \to \mathbb{R},\ x \mapsto y = \frac{(2x-6)\cdot(10x-7) - (5x^2-7x+2)\cdot 2}{(2x-6)^2}$$
$$= \frac{20x^2 - 14x - 60x + 42 - 10x^2 + 14x - 4}{4(x-3)^2}$$
$$= \frac{10x^2 - 60x + 38}{4(x-3)^2} = \frac{2(5x^2 - 30x + 19)}{4(x^2 - 6x + 9)}$$
$$= \frac{5x^2 - 30x + 19}{2x^2 - 12x + 18}$$

Kettenregel

KETTENREGEL Sie wird bei Funktionen angewendet, die sich als Verkettung von zwei Einzelfunktionen auffassen lassen.

$$(g \circ f)'(x) = g'(f(x)) \cdot f'(x)$$

oder:

$$\underbrace{\tfrac{d}{dx}}_{\text{}} (g(f(x))) = g'(f(x)) \cdot f'(x)$$

(Pfeile von links nach rechts auf: g – äußere Funktion; $f(x)$ – innere Funktion; $g'(f(x))$ – Ableitung der äußeren Funktion; $f'(x)$ – sog. „Nachdifferenzieren" der inneren Funktion)

äußere Funktion | innere Funktion | Ableitung der äußeren Funktion | sog. „Nachdifferenzieren" der inneren Funktion

Beispiel 4: Kettenregel

$f: \mathbb{R} \to \mathbb{R},\ x \mapsto y = (5 - 2x)^2$

„äußere Funktion" ist die Quadratfunktion,
„innere Funktion" ist die lineare Funktion $x \mapsto 5 - 2x$

$$f'(x) = \underbrace{2 \cdot (5 - 2x)}_{\text{Ableitung der Quadratfunktion}} \cdot \underbrace{(-2)}_{\text{Ableitung der linearen Funktion}} = -4(5 - 2x) = 8x - 20$$

Zu diesem Ergebnis wäre man auch gekommen, hätte man:

- die Produktregel angewandt:
  $f(x) = (5 - 2x) \cdot (5 - 2x)$
  $f'(x) = (-2) \cdot (5 - 2x) + (5 - 2x) \cdot (-2)$
  $\quad = -10 + 4x - 10 + 4x$
  $\quad = 8x - 20$
- den Funktionsterm ausmultipliziert und dann abgeleitet:
  $f(x) = 25 - 20x + 4x^2$
  $f'(x) = -20 + 8x$

Beispiel 5: Kettenregel

$f:]-\infty; 2{,}5] \to \mathbb{R},\ x \mapsto y = \sqrt{5-2x}$

Diesmal bleibt nur die Möglichkeit der Anwendung der Kettenregel:

$$f':]-\infty; 2{,}5[\to \mathbb{R},\ x \mapsto y = \frac{1}{2\sqrt{5-2x}} \cdot (-2) = \frac{-1}{\sqrt{5-2x}} = \frac{-\sqrt{5-2x}}{5-2x}$$

$$= \frac{\sqrt{5-2x}}{2x-5}$$

Häufig sind Produkt-, Quotienten- und Kettenregel kombiniert anzuwenden:

Beispiel 6: Kombination von Quotienten- und Kettenregel

$$f: x \mapsto y = \frac{\sqrt{1-x}}{\sqrt{2x-3}};$$

$$f'(x) = \frac{\sqrt{2x-3} \cdot \frac{d}{dx}\sqrt{1-x} - \sqrt{1-x} \cdot \frac{d}{dx}\sqrt{2x-3}}{2x-3}$$

Quotientenregel ↗

$$= \frac{\sqrt{2x-3} \cdot \frac{1}{2\sqrt{1-x}} \cdot (-1) - \sqrt{1-x} \cdot \frac{1}{2\sqrt{2x-3}} \cdot 2}{2x-3}$$

Kettenregel ↗

$$= \frac{\frac{-(2x-3)}{2\sqrt{1-x} \cdot \sqrt{2x-3}} - \frac{(1-x) \cdot 2}{2\sqrt{1-x} \cdot \sqrt{2x-3}}}{2x-3}$$

$$= \frac{-2x+3-2+2x}{2\sqrt{1-x} \cdot \sqrt{2x-3} \cdot (2x-3)}$$

$$= \frac{1}{2\sqrt{1-x} \cdot \sqrt{2x-3} \cdot (2x-3)} = \frac{\sqrt{1-x} \cdot \sqrt{2x-3}}{2 \cdot (1-x)(2x-3)^2}$$

oder

$$f(x) = \frac{\sqrt{1-x}}{\sqrt{2x-3}} = \sqrt{\frac{1-x}{2x-3}}$$

$$f'(x) = \frac{1}{2\cdot\sqrt{\frac{1-x}{2x-3}}} \cdot \frac{d}{dx}\left(\frac{1-x}{2x-3}\right)$$

Kettenregel

Quotientenregel

$$= \frac{\sqrt{2x-3}}{2\cdot\sqrt{1-x}} \cdot \frac{(2x-3)\cdot(-1)-(1-x)\cdot 2}{(2x-3)^2}$$

$$= \frac{\sqrt{2x-3}}{2\cdot\sqrt{1-x}} \cdot \frac{-2x+3-2+2x}{(2x-3)^2} = \frac{\sqrt{1-x}\cdot\sqrt{2x-3}\cdot 1}{2(1-x)(2x-3)^2}$$

Ableitung der Umkehrfunktion

SATZ VON DER ABLEITUNG DER UMKEHRFUNKTION Ist die Funktion $f\colon D_f \to \mathbb{R},\ x \mapsto y = f(x)$ umkehrbar und an der Stelle $x_0 \in D_f$ differenzierbar mit $f'(x_0) \neq 0$, so existiert die Ableitung der Umkehrfunktion

$f^{-1}\colon W_f \to \mathbb{R},\ x \mapsto y = f^{-1}(x)$ an der Stelle $f(x_0) = y_0$,

und es gilt: $(f^{-1})'(f(x_0)) = \frac{1}{f'(x_0)}$

oder

$$(f^{-1})'(y_0) = \frac{1}{f'(f^{-1}(y_0))}$$

Zur Veranschaulichung dient die Skizze, in die die beiden Steigungsdreiecke eingezeichnet sind.

Ableitung der Umkehrfunktion

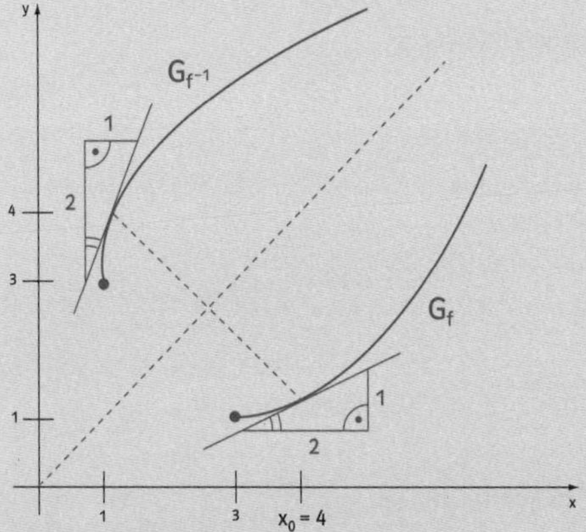

Beispiel 7: Veranschaulichung des Satzes von der Ableitung der Umkehrfunktion

$f: [3; \infty[\to \mathbb{R}, x \mapsto y = \frac{1}{4}(x-3)^2 + 1$ ist streng monoton zunehmend und daher umkehrbar (vgl. Seite 27).

$W_f = [1; \infty[= D_{f^{-1}}; D_f = [3; \infty[= W_{f^{-1}}$

$x_0 = 4; y_0 = f(x_0) = f(4) = 1\frac{1}{4}$ (s. Skizze Seite 69)

$f'(x) = \frac{1}{4} \cdot 2 \cdot (x-3) = \frac{1}{2}(x-3); f'(x_0) = f'(4) = \frac{1}{2}$

Umkehrfunktion f^{-1}: $y = \frac{1}{4}(x-3)^2 + 1; y - 1 = \frac{1}{4}(x-3)^2;$

$4(y-1) = (x-3)^2; x - 3 = 2\sqrt{y-1}; x = 2\sqrt{y-1} + 3$

nach Variablentausch: $y = 2\sqrt{x-1} + 3$

Die Aussage des obigen Satzes über die Ableitung der Umkehrfunktion ist nun: $(f^{-1})'\left(1\frac{1}{4}\right) = \frac{1}{f'(4)} = \frac{1}{\frac{1}{2}} = 2$

Führt man die Rechnung nicht für den konkreten Wert $x_0 = 4$, sondern für beliebiges x durch, so ergibt sich:

$$(f^{-1})'(x) = \frac{1}{f'(f^{-1}(x))} = \frac{1}{f'(2\sqrt{x-1}+3)} = \frac{1}{\frac{1}{2}(2\sqrt{x-1}+3-3)} = \frac{1}{\sqrt{x-1}}$$

Analysis – Differenzialrechnung

Kurvendiskussion

QUICK-FINDER

Erste Untersuchungen an Funktionen

KURVENDISKUSSION „Kurvendiskussion" bedeutet die Untersuchung einer Funktion bzw. ihres Graphen. Mit den bisherigen Kenntnissen kann diese Untersuchung sich auf folgende Eigenschaften beziehen:

- maximale Definitionsmenge (vgl. Seite 7)
- Schnittpunkte mit den Koordinatenachsen (vgl. Seite 17)
- Symmetrie des Graphen (vgl. Seite 17)
- Monotonieverhalten, Extrema (vgl. Seite 20 f.)
- Verhalten an den Rändern der Definitionsmenge, d. h.
  - Verhalten für $x \to \pm\infty$ (vgl. Seite 38)
  - Verhalten an Definitionslücken (vgl. Seite 34)
- Wertemenge (vgl. Seite 7)
- evtl. Klärung zusätzlicher Fragen

Monotonieverhalten und Extrema können mit dem Hilfsmittel der Ableitung untersucht werden.

KRITERIEN FÜR STRENG MONOTONES ZU- BZW. ABNEHMEN
Ist f eine auf dem Intervall $]a; b[$ differenzierbare Funktion und ist $f'(x) > 0$ bzw. $f'(x) < 0$ für alle $x \in]a; b[$, so ist f in $]a; b[$ streng monoton zunehmend bzw. abnehmend. Ist $f'(x) = 0$, so hat G_f im Punkt $(x_0 | f(x_0))$ eine **waagerechte (horizontale) Tangente**.

KRITERIEN FÜR HOCH-, TIEF- BZW. TERRASSSENPUNKT Hat f' dabei an der Stelle x_0 einen Vorzeichenwechsel von + zu – bzw. von – zu +, so hat f in in x_0 ein lokales Maximum bzw. Minimum; G_f hat dann den **Hoch- bzw. Tiefpunkt** $(x_0 | f(x_0))$. Hat f' an der Stelle x_0 eine Nullstelle ohne Vorzeichenwechsel, so hat G_f den **Terrassenpunkt** $(x_0 | f(x_0))$.

Beispiel 1: Untersuchung des Monotonieverhaltens einer Polynomfunktion

$f\colon \mathbb{R} \to \mathbb{R},\ x \mapsto y = x^3 - 6x^2 + 9x + 1$

$f'\colon \mathbb{R} \to \mathbb{R},\ x \mapsto y = 3x^2 - 12x + 9 = 3(x^2 - 4x + 3)$
$= 3(x-1)(x-3)$

$f'(x) = 0 \Leftrightarrow x = 1 \vee x = 3;\ f(1) = 5,\ f(3) = 1$

	$x < 1$	$x = 1$	$1 < x < 3$	$x = 3$	$x > 3$
$f'(x)$	+	0	–	0	+
G_f	streng monoton steigend	Hochpunkt (1|5)	streng monoton fallend	Tiefpunkt (3|1)	streng monoton steigend

Beispiel 2: Untersuchung des Monotonieverhaltens einer Polynomfunktion

$f\colon \mathbb{R} \to \mathbb{R},\ x \mapsto y = \frac{1}{27}x^4 - \frac{32}{81}x^3 + \frac{32}{27}x^2$

$f'\colon \mathbb{R} \to \mathbb{R},\ x \mapsto y = \frac{4}{27}x^3 - \frac{32}{27}x^2 + \frac{64}{27}x = \frac{4}{27}x \cdot (x^2 - 8x + 16)$
$= \frac{4}{27}x \cdot (x-4)^2$

$f'(x) = 0 \Leftrightarrow x = 0 \vee x = 4;\ f(0) = 0,\ f(4) = \frac{256}{81} = 3\frac{13}{81} \approx 3{,}2$

	$x < 0$	$x = 0$	$0 < x < 4$	$x = 4$	$x > 4$
$f'(x)$	–	0	+	0	+
G_f	streng monoton fallend	Tiefpunkt (0| 0)	streng monoton steigend	Terrassenpunkt $(4 \mid 3\frac{13}{81})$	streng monoton steigend

Graph zu Beispiel 1

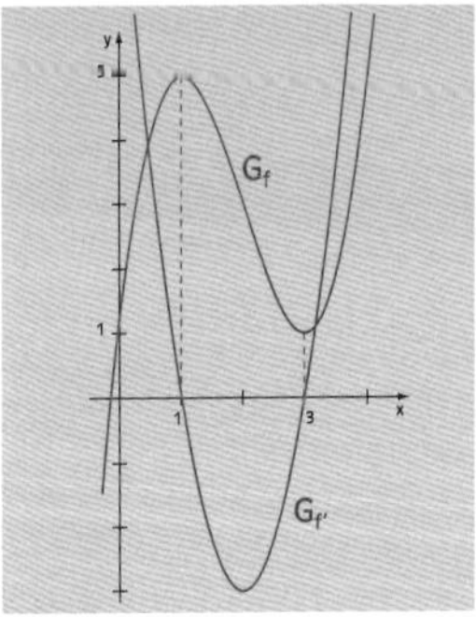

Graph zu Beispiel 2

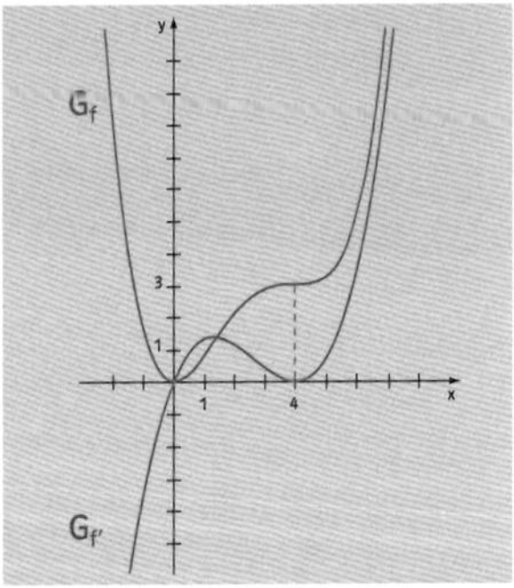

Beispiel 3: Diskussion einer rationalen Funktion

$f: x \mapsto y = \frac{x(x-3)}{x} - 4 = \frac{x^2 - 3x}{x - 4}$

soll möglichst umfassend diskutiert werden

Definitionsbereich:

$D_{max} = \mathbb{R} \setminus \{4\}$

Schnittpunkt mit der y-Achse:

$(0 \mid f(0)) = (0 \mid 0)$

Nullstellen:

$x_1 = 0,\ x_2 = 3$

Felder abstreichen:

	$x < 0$	$x = 0$	$0 < x < 3$	$x = 3$	$3 < x < 4$	$x = 4$	$x > 4$
f(x)	–	0	+	0	–	n.d.	+

Randverhalten:

$f(x) \to -\infty$ für $x \to -\infty$; $f(x) \to +\infty$ für $x \to +\infty$

Polynomdivision ergibt: $f(x) = x + 1 + \frac{4}{x-4}$

$$\lim_{x \to -\infty} (f(x) - (x+1)) = \lim_{x \to -\infty} \frac{4}{x-4} = -0$$

$$\lim_{x \to +\infty} (f(x) - (x+1)) = \lim_{x \to +\infty} \frac{4}{x-4} = +0$$

G_f nähert sich für $x \to -\infty$ von unten und für $x \to +\infty$ von oben an die schiefe Asymptote mit der Gleichung $y = x + 1$ an.

$f(x) \to -\infty$ für $x \overset{<}{\to} 4$; $f(x) \to +\infty$ für $x \overset{>}{\to} 4$

f hat bei $x = 4$ einen Pol mit Vorzeichenwechsel von – zu +; die Gerade mit der Gleichung $x = 4$ ist vertikale Asymptote.

Monotonie, Extrema:

$$f'(x) = \frac{(x-4)\cdot(274x-3)-(x^2-3x)\cdot 1}{(x-4)^2} = \frac{2x^2-11x+12-x^2+3x}{(x-4)^2}$$

$$= \frac{x^2-8x+12}{(x-4)^2} = \frac{(x-2)(x-6)}{(x-4)^2}$$

$$f'(x) = 0 \Leftrightarrow x = 2 \vee x = 6; \; f(2) = 1, \; f(6) = 9$$

	$x < 2$	$x = 2$	$2 < x < 4$	$4 < x < 6$	$x = 6$	$x > 6$
$f'(x)$	+	0	–	–	0	+
G_f	streng monoton steigend	Hochpunkt (2|1)	streng monoton fallend	streng monoton fallend	Tiefpunkt (6|9)	streng monoton steigend

Wertemenge:

$$W_f =]-\infty; 1] \cup [9; \infty[= \mathbb{R} \setminus]1; 9[$$

Zeichnung des Graphen samt Asymptoten:

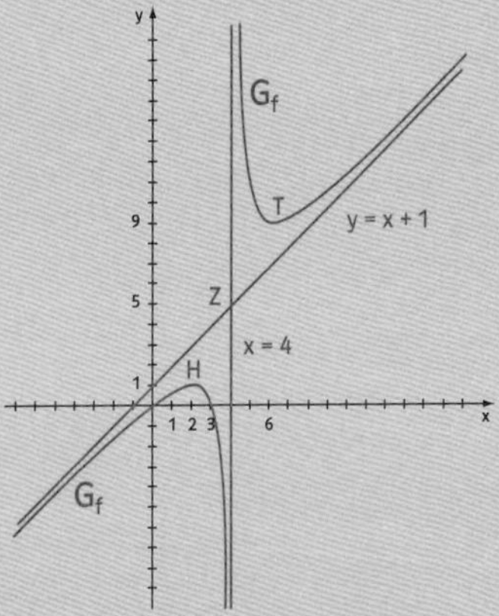

Symmetrie:

Vermutung: Punktsmmetrie bezüglich Z(4 | 5);

Nachweis (vgl. Seite 18):

$$f(4-x) + f(4+x) = 4 - x + 1 + \frac{4}{4-x-4} + 4 + x + 1 + \frac{4}{4+x-4}$$

$$= 10 + \frac{4}{-x} + \frac{4}{x} = 10 = 2 \cdot 5$$

Höhere Ableitungen

BEGRIFF DER n-TEN ABLEITUNG Auch die Ableitung f' einer Funktion f ist eine Funktion; existiert die Ableitung von f', so bezeichnet man sie als 2. Ableitung von f und nennt f zweimal differenzierbar:

$$f'': D_{f''} \to \mathbb{R},\ x \mapsto y = f''(x) = \frac{d}{dx} f'(x) = \frac{d^2}{dx^2} f(x)$$

Entsprechend ergibt sich die 3. Ableitung f''' und allgemein die n-te Ableitung $f^{(n)}$; existiert diese, so heißt f n-mal differenzierbar.

BEDEUTUNG DER 2. ABLEITUNG Die erste Ableitung einer Funktion f beschreibt die Änderungsrate ihrer Funktionswerte, also die Steigung des Graphen von f. Die 2. Ableitung von f beschreibt also die Änderungsrate der Steigung und damit die Krümmung von G_f.

G_f heißt in einem Intervall I rechtsgekrümmt oder konvex, wenn die Steigung der Tangenten an G_f in I streng monoton abnimmt.

rechtsgekrümmt

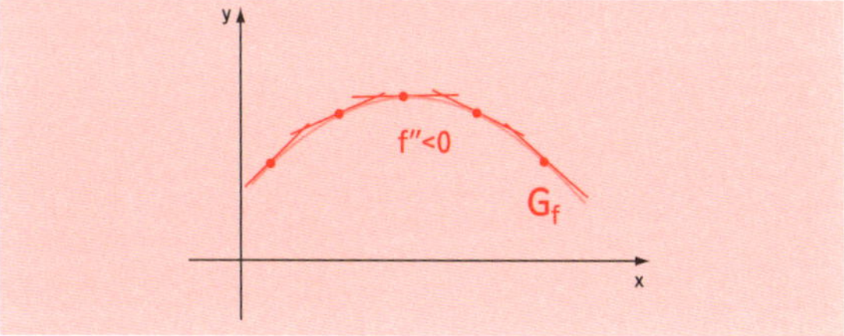

G_f heißt in I **linksgekrümmt** oder **konkav**, wenn die Steigung der Tangenten in I streng monton zunimmt.

linksgekrümmt

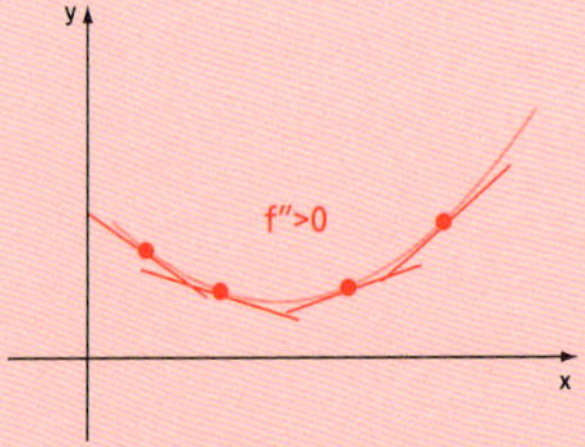

Es gilt also:

$f''(x) < 0$ für alle $x \in I \Rightarrow G_f$ ist in I rechtsgekrümmt
(f'' negativ)
$f''(x) > 0$ für alle $x \in I \Rightarrow G_f$ ist in I linksgekrümmt
(f'' positiv)

In der Umgebung eines Maximums bzw. Minimums ist der Graph einer differenzierbaren Funktion rechts- bzw. linksgekrümmt; daher gilt:

$f'(x_0) = 0 \wedge f''(x_0) < 0 \Rightarrow$ f hat bei x_0 ein lokales Maximum
$f'(x_0) = 0 \wedge f''(x_0) > 0 \Rightarrow$ f hat bei x_0 ein lokales Minimum

Im Beispiel 3 von Seite 73 f. war

$$f(x) = \frac{x(x-3)}{x-4} \quad \text{und}$$

$$f'(x) = \frac{x^2 - 8x + 12}{(x-4)^2} = \frac{(x-2)(x-6)}{(x-4)^2} \quad \text{für } x \neq 4;$$

$$f''(x) = \frac{(x-4)^2 \cdot (2x-8) - (x^2 - 8x + 12) \cdot 2(x-4)}{(x-4)^4}$$

$$= \frac{(x-4) \cdot (2x-8) - (x^2 - 8x + 12) \cdot 2}{(x-4)^3} = \frac{8}{(x-4)^3}$$

$f(2) = 1 \wedge f'(2) = 0 \wedge f''(2) = \frac{8}{-8} = -1 < 0$

$\Rightarrow G_f$ hat den Hochpunkt $(2 \mid 1)$

$f(6) = 9 \wedge f'(6) = 0 \wedge f''(6) = \frac{8}{8} = 1 > 0$

$\Rightarrow G_f$ hat den Tiefpunkt $(6 \mid 9)$

DIE HIERARCHIE DER FLACHPUNKTE: FLACHPUNKT, WENDEPUNKT, TERRASSENPUNKT Da die 2. Ableitung einer Funktion die Krümmung des Graphen G_f beschreibt, verläuft G_f an einer Stelle x_0, an der f" den Wert Null hat, fast geradlinig:

An einer Stelle x_0, für die $f''(x_0) = 0$ ist, besitzt G_f einen Flachpunkt. Ändert sich in einem Flachpunkt das Krümmungsverhalten von G_f, so ist der Flachpunkt gleichzeitig ein Wendepunkt:

Flachpunkt

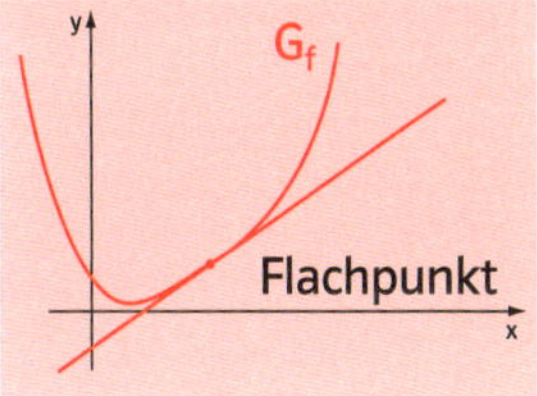

Wendepunkt

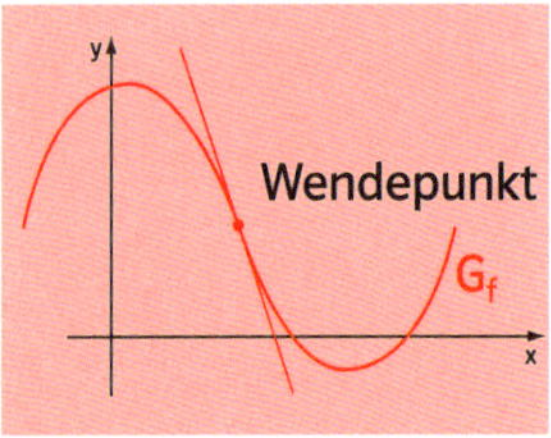

Hat f" an der Stelle x_0 eine Nullstelle mit Vorzeichenwechsel, so hat G_f den Wendepunkt $(x_0 | f(x_0))$.
$f''(x_0) = 0 \wedge f'''(x_0) \neq 0$
$\Rightarrow$ G_f hat bei x_0 einen Wendepunkt.

In einem Wendepunkt durchdringt die Tangente den Graphen G_f. Verläuft diese so genannte **Wendetangente** horizontal, so ist der Wendepunkt ein Terrassenpunkt:

Terrassenpunkt

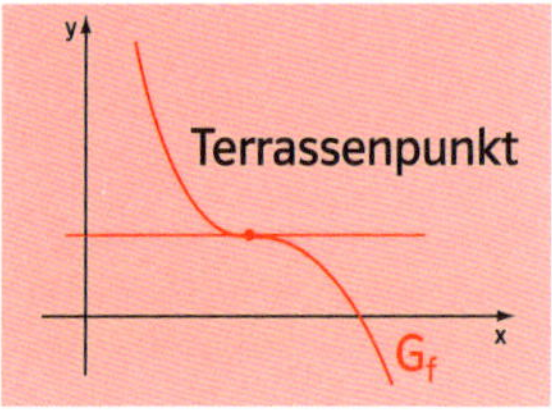

$f''(x_0) = 0 \wedge f'''(x_0) \neq 0 \wedge f'(x_0) = 0 \Rightarrow$ G_f hat bei x_0 einen Terrassenpunkt.

Jeder Terrassenpunkt ist also ein Wendepunkt, und jeder Wendepunkt ist ein Flachpunkt; die Umkehrung gilt nicht.

Beispiel 4: Untersuchung des Krümmungsverhaltens einer Polynomfunktion

$f: \mathbb{R} \to \mathbb{R},\ x \mapsto y = \frac{1}{6}x^4 - \frac{2}{3}x^3 + 5$

$f': \mathbb{R} \to \mathbb{R},\ x \mapsto y = \frac{2}{3}x^3 - 2x^2$

$f'': \mathbb{R} \to \mathbb{R},\ x \mapsto y = 2x^2 - 4x = 2x(x-2)$

$f''(x) = 0 \Leftrightarrow x = 0 \vee x = 2;\ f(0) = 5,\ f(2) = 2\frac{1}{3}$

$f'(0) = 0,\ f'(2) = -2\frac{2}{3} \neq 0$

	$x < 0$	$x = 0$	$0 < x < 2$	$x = 2$	$x > 2$
$f''(x)$	+	0	–	0	+
G_f	linksgekrümmt	Terrassenpunkt $(0 \mid 5)$	rechtsgekrümmt	Wendepunkt $(2 \mid 2\frac{1}{3})$	linksgekrümmt

Wendetangente in $\left(2 \middle| 2\frac{1}{3}\right)$:

$y = -\frac{8}{3}x + t$

$2\frac{1}{3} = -\frac{8}{3} \cdot 2 + t \Rightarrow t = 7\frac{2}{3};$

$y = -\frac{8}{3}x + 7\frac{2}{3}$

horizontale Wendetangente in $(0 \mid 5)$: $y = 5$

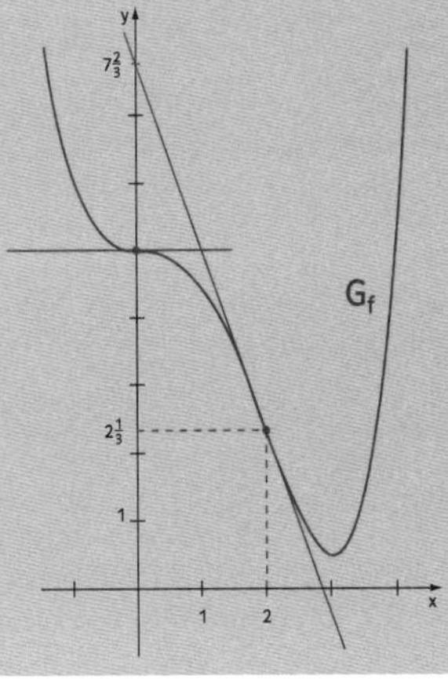

Beispiel 5: Untersuchung des Krümmungsverhaltens einer Polynomfunktion

$f\colon \mathbb{R} \to \mathbb{R},\ x \mapsto y = \frac{1}{6}x^4 - \frac{2}{3}x^3 + x^2$

$f'\colon \mathbb{R} \to \mathbb{R},\ x \mapsto y = \frac{2}{3}x^3 - 2x^2 + 2x$

$f''\colon \mathbb{R} \to \mathbb{R},\ x \mapsto y = 2x^2 - 4x + 2 = 2(x^2 - 2x + 1)$

$= 2(x-1)^2$

$f''(x) = 0 \Leftrightarrow x = 1;\ f(1) = \frac{1}{2}$

$f'(1) = \frac{2}{3}$

	$x < 1$	$x = 1$	$x > 1$
$f''(x)$	+	0	+
G_f	linksgekrümmt	Flachpunkt $(1 \mid \frac{1}{2})$	linksgekrümmt

Der Flachpunkt ist kein Wendepunkt:
f'' hat bei $x_0 = 1$ eine Nullstelle ohne Vorzeichenwechsel!

Tangente an G_f in $\left(1 \middle| \frac{1}{2}\right)$:

$y = \frac{2}{3}x + t$

$\frac{1}{2} = \frac{2}{3} \cdot 1 + t \Rightarrow t = -\frac{1}{6};$

$y = \frac{2}{3}x - \frac{1}{6}$

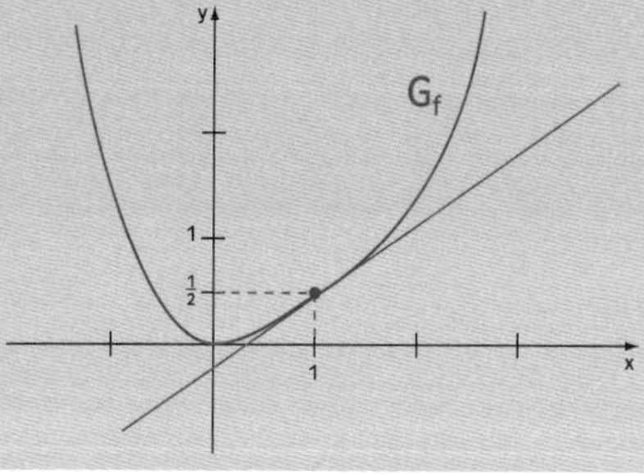

Typische Aufgabenstellungen zur Differenzialrechnung

Steckbriefaufgaben

Ein einfaches Beispiel solcher Aufgaben findet sich bereits auf der Seite 34. Inzwischen können die Aufgaben aber nicht nur Informationen etwa über die Nullstellen der gesuchten Funktion enthalten, sondern auch über Hoch-, Tief-, Terrassen- und andere Wendepunkte ihres Graphen. Die gegebenen Informationen müssen in Gleichungen übersetzt werden; hierfür gilt:

$P(a \mid b)$ liegt auf G_f	$\Leftrightarrow f(a) = b$
f hat Nullstelle x_0	$\Leftrightarrow f(x_0) = 0$
G_f hat in $P(a \mid \ldots)$ die Steigung m	$\Leftrightarrow f'(a) = m$
G_f hat Tiefpunkt $P(a \mid \ldots)$	$\Rightarrow f'(a) = 0$
G_f hat Hochpunkt $P(a \mid \ldots)$	$\Rightarrow f'(a) = 0$
G_f hat Terrassenpunkt $P(a \mid \ldots)$	$\Rightarrow f'(a) = 0 \wedge f''(a) = 0$
G_f hat Wendepunkt $P(a \mid \ldots)$	$\Rightarrow f''(a) = 0$

Dabei ist zu beachten: Nicht alle Informationen werden äquivalent übersetzt; z. B. ist die Übersetzung für „Hochpunkt" die gleiche wie für „Tiefpunkt"!

Die ermittelte Funktion ist abschließend also daraufhin zu überprüfen, ob sie wirklich alle geforderten Eigenschaften besitzt.

Beispiel 1: Ermittlung einer Polynomfunktion

Der Graph einer Polynomfunktion 3. Grades geht durch den Punkt (−1 | 0) und hat den Wendepunkt (5 | 2); die Wendetangente hat die Steigung −1.

Ansatz: $f(x) = ax^3 + bx^2 + cx + d$

$f'(x) = 3ax^2 + 2bx + c$

$f''(x) = 6ax + 2b$

(1) $f(-1) = 0$: $-a + b - c + d = 0$

(2) $f(5) = 2$: $125a + 25b + 5c + d = 2$

(3) $f''(5) = 0$: $30a + 2b = 0$

(4) $f'(5) = -1$: $75a + 10b + c = -1$

Lösen dieses Systems von vier Gleichungen für die vier unbekannten Koeffizienten des Polynoms ergibt:

$a = \frac{1}{27}$, $b = -\frac{5}{9}$, $c = \frac{16}{9}$, $d = \frac{64}{27}$; also:

$f(x) = \frac{1}{27}x^3 - \frac{5}{9}x^2 + \frac{16}{9}x + \frac{64}{27} = \frac{1}{27}(x^3 - 15x^2 + 48x + 64)$

Die Diskussion zeigt, dass die ermittelte Funktion die geforderten Eigenschaften tatsächlich besitzt

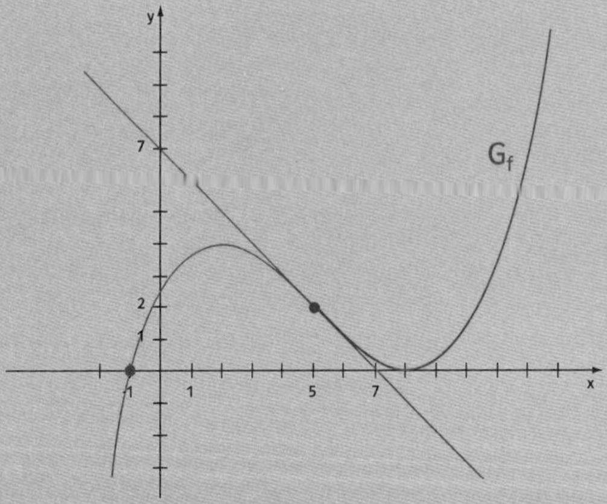

Beispiel 2: Ermittlung einer rationalen Funktion

Eine gebrochen rationale Funktion f soll die folgenden Bedingungen erfüllen:

- f hat an der Stelle −2 einen Pol ohne Vorzeichenwechsel
- f hat 3 als einzige Nullstelle
- f hat an der Stelle −7 einen Pol mit Vorzeichenwechsel
- es gilt $\lim\limits_{x \to \pm\infty} f(x) = 5$

Diesmal ergibt sich der Funktionsterm von f mit Hilfe der tabellarischen Zusammenfassungen auf den Seiten 48 und 52:

(1) Das Nennerpolynom muss den Faktor $(x+2)^{q_1}$ mit geradzahligem q_1 enthalten.

(2) Das Zählerpolynom muss den Faktor $(x-3)^n$ mit $n \in \mathbb{N}$ enthalten.

(3) Das Nennerpolynom muss den Faktor $(x+7)^{q_2}$ mit ungeradzahligem q_2 enthalten.

(4) Der Grad des Zählerpolynoms muss gleich dem Grad des Nennerpolynoms sein und der Koeffizient der höchsten Potenz des Zählerpolynoms muss 5-mal so groß sein wie der Koeffizient der höchsten Potenz des Nennerpolynoms.

Daraus ergibt sich die folgende mögliche Lösung:

$$f(x) = \frac{5 \cdot (x-3)^3}{(x+2)^2 \cdot (x+7)} = \frac{5(x^3 - 9x^2 + 27x - 27)}{x^3 + 11x^2 + 32x + 28}$$

Wäre zusätzlich verlangt, dass G_f das stetig schließbare Loch (6 | …) besitzt, so wäre eine mögliche Lösung:

$$f(x) = \frac{5 \cdot (x-3)^3 \cdot (x-6)}{(x+2)^2 \cdot (x+7) \cdot (x-6)}$$

Extremwertaufgaben

Hierbei handelt es sich um eher anwendungsbezogene Aufgaben aus der Geometrie, der Physik oder der Wirtschaft, bei denen Art und Lage eines Extremums zu ermitteln sind. Die Vorgehensweise wird anhand von Beispielen erläutert.

Beispiel 3: Minimieren eines Oberflächeninhalts

Eine Konservendose von der Form eines geraden Kreiszylinders habe das Volumen V. Wie muss man den Grundkreisradius r und die Höhe h wählen, damit bei der Herstellung der Dose möglichst wenig Blech verbraucht wird?

Minimiert werden soll also die Zielgröße „Oberflächeninhalt“:
$\mathbf{S = 2\pi r^2 + 2\pi r h}$

Nebenbedingung ist: $V = \pi r^2 \cdot h$; daraus folgt: $h = \frac{V}{\pi r^2}$.
Damit ergibt sich die Zielfunktion:

$$S: r \mapsto S(r) = 2\pi r^2 + \frac{2\pi r \cdot V}{\pi r^2} = 2\pi r^2 + \frac{2V}{r}$$

$$\frac{d}{dr} S(r) = 4\pi r - \frac{2V}{r^2}; \frac{d^2}{dr^2} S(r) = 4\pi + \frac{4V}{r^3}$$

$$\frac{d}{dr} S(r) = 0 \Leftrightarrow 4\pi r = \frac{2V}{r^2} \Leftrightarrow r^3 = \frac{2V}{4\pi}; r = \sqrt[3]{\frac{V}{2\pi}}$$

$\frac{d^2}{dr^2} S(r) > 0$ für alle $r \in \mathbb{R}^+$; das Extremum ist also tatsächlich ein Minimum.

$$r = \sqrt[3]{\frac{V}{2\pi}} \Rightarrow h = \frac{V}{\pi \cdot \sqrt[3]{\frac{V}{2\pi}}^{\,2}} = \ldots = \sqrt[3]{\frac{4V}{\pi}} = \sqrt[3]{\frac{8V}{2\pi}} = 2r$$

Ergebnis: der Blechverbrauch ist minimal, wenn Durchmesser und Höhe der Dose übereinstimmen.

(Interessant ist der Vergleich des Ergebnisses mit den Abmessungen von Dosen des Europaformats „e 425“ oder „e 850“, welche 425 cm³ bzw. 850 cm³ fassen!)

Beispiel 4: Maximieren eines Rauminhalts

Aus einem 120 cm langen Draht soll ein Kantenmodell eines Quaders hergestellt werden; dabei soll die Länge des Quaders dreimal so groß wie seine Breite sein und der Rauminhalt größtmöglich werden.

Sei x die Breite des Quaders in cm; dann ist $3 \cdot x$ seine Länge in cm, und es gilt die folgende Nebenbedingung:

$$4 \cdot (3x + x + h) = 120$$
$$4x + h = 30$$
$$h = 30 - 4x;$$

damit ist auch die Höhe h des Quaders durch x ausgedrückt.

Zielfunktion:
$V\colon x \mapsto y = 3x \cdot x \cdot (30 - 4x) = 3x^2 \cdot (30 - 4x) = 90x^2 - 12x^3$

Definitionsmenge der Zielfunktion ist $]0; 7{,}5[$

$$V'(x) = 180x - 36x^2 = 36x(5 - x)$$
$$V''(x) = 180 - 72x = 36(5 - 2x)$$
$$V'(x) = 0 \Rightarrow x = 5 \quad (x = 0 \notin \mathbb{D})$$

$$x = 5 \Rightarrow 3x = 15;\ h = 10$$
$$V(5) = 90 \cdot 25 - 12 \cdot 125 = 750$$
$$(\text{oder } V(5) = 5 \cdot 15 \cdot 10 = 750)$$
$$V''(5) = 36 \cdot (5 - 2 \cdot 5) = 36 \cdot (-5) < 0$$

Ergebnis: Der Quader hat den maximalen Rauminhalt $750\,\text{cm}^3$, wenn er 15 cm lang, 5 cm breit und 10 cm hoch ist.

Analysis – Differenzialrechnung

Sätze über differenzierbare Funktionen

Monotoniekriterium

Das Monotoniekriterium für die Umkehrbarkeit einer Funktion f (vgl. Seite 27) lässt sich für den Fall, dass f auf einem Intervall $I \subset D_f$ differenzierbar ist, folgendermaßen fassen:

Ist $f'(x) > 0$ für alle $x \in I$ oder $f'(x) < 0$ für alle $x \in I$, so ist f in I umkehrbar.

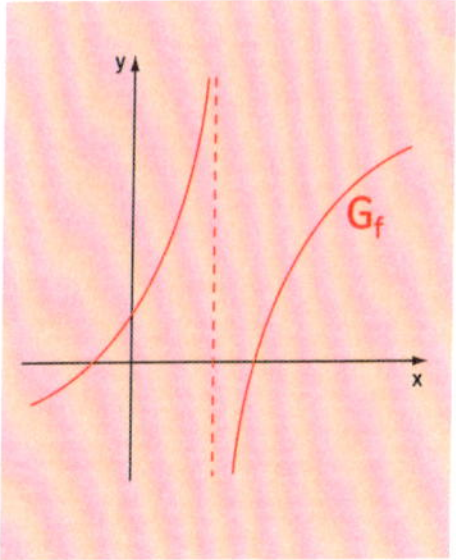

Wichtig ist, dass der betrachtete Bereich tatsächlich ein zusammenhängendes Intervall ist. So ist z.B. die Funktion f, deren Graph in der Abbildung skizziert ist, nicht umkehrbar auf ihrer Definitionsmenge, obwohl $f'(x) > 0$ für alle $x \in D_f$; denn D_f ist keine zusammenhängende Menge!

Satz von Rolle

Ist f eine Funktion, die im Intervall [a; b] stetig und im Intervall]a; b[differenzierbar ist, und gilt

$$f(a) = f(b) = 0,$$

so existiert mindestens eine Stelle $x_0 \in]a; b[$, für die gilt:

$$f'(x_0) = 0$$

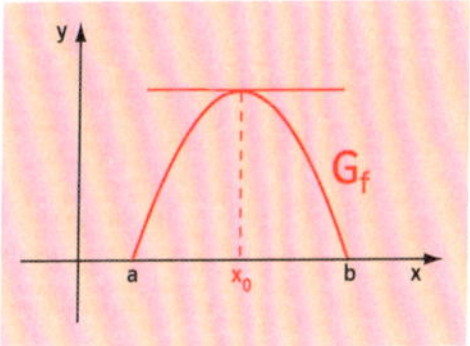

Eine Verallgemeinerung dieses Satzes ist der Mittelwertsatz.

Mittelwertsatz

Ist f eine Funktion, die im Intervall [a; b] stetig und im Intervall]a; b[differenzierbar ist, so existiert mindestens eine Stelle $x_0 \in\,]a; b[$, für die gilt:

$$f'(x_0) = \frac{f(b) - f(a)}{b - a} \quad \text{oder} \quad f(b) = f(a) + (b - a) \cdot f'(x_0) \qquad (*)$$

Anschaulich bedeutet dies, dass die Tangente an G_f in $(x_0 \mid f(x_0))$ parallel zur Sekante PQ ist.
Mit $b - a =: h$
lautet die Gleichung (*):

$$f(a + h) = f(a) + h \cdot f'(x_0)$$

oder, wegen $a < x_0 < b$

$$f(a + h) = f(a) + h \cdot f'(a + \vartheta \cdot h)$$

mit $\vartheta \in\,]0; 1[$

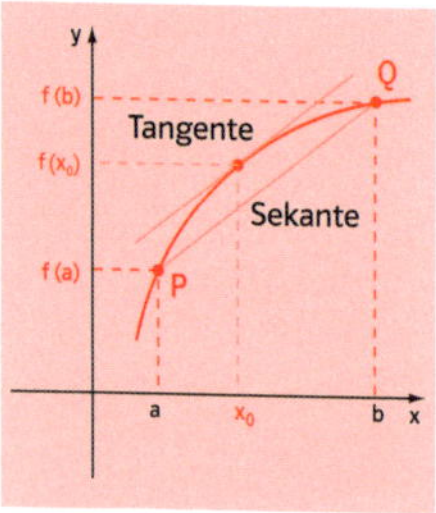

Regeln von L'Hospital

a) Sind f und g zwei Funktionen, die an der Stelle x_0 stetig und in einer Umgebung von x_0 differenzierbar sind, und ist $f(x_0) = g(x_0) = 0$, so gilt:

$$\lim_{x \to x_0} \frac{f(x)}{g(x)} = \lim_{x \to x_0} \frac{f'(x)}{g'(x)}$$

b) Sind f und g zwei Funktionen, die in einem Intervall $]a; \infty[$ differenzierbar sind, und ist

$\lim\limits_{x \to \infty} f(x) = \lim\limits_{x \to \infty} g(x) = 0$, so gilt:

$$\lim_{x \to \infty} \frac{f(x)}{g(x)} = \lim_{x \to \infty} \frac{f'(x)}{g'(x)}$$

(Eine vollkommen analoge Regel gilt für $x \to -\infty$.)

c) Sind f und g zwei Funktionen, die in einer Umgebung von x_0 differenzierbar sind, und gilt $|f(x)| \to \infty$ für $x \to x_0$ und $|g(x)| \to \infty$ für $x \to x_0$, so gilt:

$$\lim_{x \to x_0} \frac{f(x)}{g(x)} = \lim_{x \to x_0} \frac{f'(x)}{g'(x)}$$

d) Sind f und g zwei Funktionen, die in einem Intervall $]a; \infty[$ differenzierbar sind, und gilt $|f(x)| \to \infty$ für $x \to \infty$ und $|g(x)| \to \infty$ für $x \to \infty$, so gilt:

$$\lim_{x \to \infty} \frac{f(x)}{g(x)} = \lim_{x \to \infty} \frac{f'(x)}{g'(x)}$$

Beispiele

$f(x) = x^4 - 2x + 1;$	$f(1) = 0$
$g(x) = x^{10} - x^2;$	$g(1) = 0$
$f'(x) = 4x^3 - 2;$	$f'(1) = 2$
$g'(x) = 10x^9 - 2x;$	$g'(1) = 8$

Nach Regel a) ergibt sich: $\lim\limits_{x \to 1} \frac{f(x)}{g(x)} = \lim\limits_{x \to 1} \frac{f'(x)}{g'(x)} = \frac{f'(1)}{g'(1)} = \frac{2}{8} = \frac{1}{4}$

Die Berechnung dieses Grenzwerts mit Faktorzerlegung wäre erheblich mühsamer gewesen:

$$\lim_{x \to 1} \frac{f(x)}{g(x)} = \lim_{x \to 1} \frac{x^4 - 2x + 1}{x^{10} - x^2} = \lim_{x \to 1} \frac{(x-1) \cdot (x^3 + x^2 + x - 1)}{(x-1) \cdot (x^9 + x^8 + \ldots + x^2)}$$

$$= \lim_{x \to 1} \frac{x^3 + x^2 + x - 1}{x^9 + x^8 + \ldots + x^2} = \frac{1 + 1 + 1 - 1}{1 + 1 + 1 \ldots + 1} = \frac{2}{8} = \frac{1}{4}$$

Trigonometrische Funktionen

EIGENSCHAFTEN DER SINUS-, KOSINUS- UND TANGENS-FUNKTION Als trigonometrische Funktionen bezeichnet man:

- die **Sinus-Funktion**
  $\sin: \mathbb{R} \to \mathbb{R},\ x \mapsto y = \sin x$
- die **Kosinus-Funktion**
- $\cos: \mathbb{R} \to \mathbb{R},\ x \mapsto y = \cos x$
  die **Tangens-Funktion**
  $\tan: \mathbb{R} \backslash \left((2k+1) \cdot \frac{\pi}{2} \middle| k \in \mathbb{Z} \right) \to \mathbb{R},$
  $x \mapsto y = \tan x = \frac{\sin x}{\cos x}$

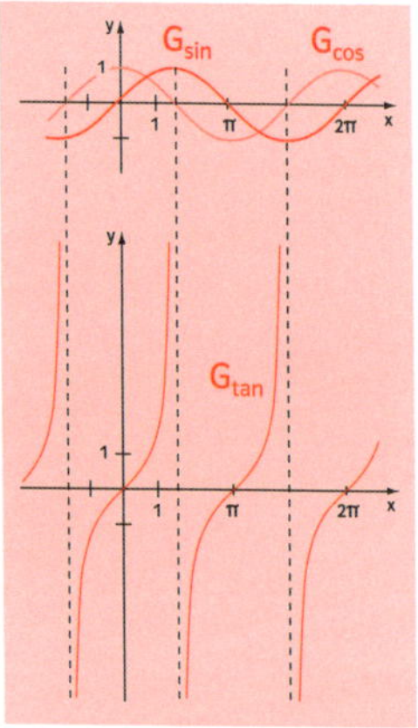

sin und cos haben die Wertemenge [−1; 1]. Ihre Schwingungsweite oder Amplitude ist 1.
Die Wertemenge von tan ist $\mathbb{R}$.

Die Werte der Sinus- und der Kosinus-Funktion wiederholen sich immer im Abstand 2π; dies ist die **Periode**:

$$\sin(x + k \cdot 2\pi) = \sin x;\ \cos(x + k \cdot 2\pi) = \cos x;\ \ k \in \mathbb{Z}.$$

Die Periode der Tangens-Funktion ist π:

$$\tan(x + k \cdot \pi) = \tan x;\ \ k \in \mathbb{Z}.$$

Die Sinus- und die Tangens-Funktion haben die Nullstellen $k \cdot \pi = 2k \cdot \frac{\pi}{2}$; $k \in \mathbb{Z}$. Die Kosinus-Funktion hat die Nullstellen $(2k + 1) \cdot \frac{\pi}{2}$, $k \in \mathbb{Z}$. Wegen $\mathbf{\tan x = \frac{\sin x}{\cos x}}$ sind dies die Definitionslücken der Tangens-Funktion; diese sind Polstellen mit Vorzeichenwechsel von + zu −.

Wegen $\cos x = \sin\left(x + \frac{\pi}{2}\right)$ für alle $x \in \mathbb{R}$ entsteht der Graph der Kosinus-Funktion aus dem der Sinus-Funktion durch Verschiebung um $\frac{\pi}{2}$ nach links.

ABLEITUNG DER TRIGONOMETRISCHEN FUNKTIONEN Wichtiger ist folgender Zusammenhang zwischen sin und cos:

$$\frac{d}{dx} \sin x = \cos x; \quad \frac{d}{dx} \cos x = -\sin x$$

Nach der Quotientenregel folgt für die Ableitung der Tangens-Funktion:

$$\frac{d}{dx} \tan x = \frac{\cos^2 x + \sin^2 x}{\cos^2 x} = \frac{1}{\cos^2 x} = 1 + \tan^2 x$$

Weiter errechnet sich nach der Regel von L'Hospital (vgl. Seite 88) ein wichtiger Grenzwert:

$$\lim_{x \text{¥} 0} \frac{\sin x}{x} = 1$$

Form- und Lageänderungen der Sinus- und Kosinus-Kurve

ALLGEMEINE SINUS- UND KOSINUSFUNKTION Sie hat die Form

$$x \mapsto y = a \cdot \sin(b \cdot (x + c)) + d;$$

für die Kosinus-Funktion gilt alles völlig analog.

AMPLITUDE, PERIODE, PHASENVERSCHIEBUNG a beeinflusst die Schwingungsweite der Sinuskurve: die Amplitude ist $|a|$.

b beeinflusst die Frequenz der Sinuskurve; die Periode ist $\frac{2\pi}{|b|}$.

c heißt die Phasenverschiebung der Sinuskurve: der Graph ist gegenüber dem Graphen von $x \mapsto y = \sin x$ um $|c|$ verschoben, und zwar für $c > 0$ nach links, für $c < 0$ nach rechts.

Auch d bewirkt eine Verschiebung: der Graph ist gegenüber dem Graphen von $x \mapsto y = \sin x$ um $|d|$ verschoben, und zwar für $d > 0$ nach oben, für $d < 0$ nach unten.

Beispiel

$f: x \mapsto y = 2\sin\left(\frac{2}{3}x + \frac{\pi}{3}\right) + 1 = 2\sin\left(\frac{2}{3}\left(x + \frac{\pi}{2}\right)\right) + 1;$

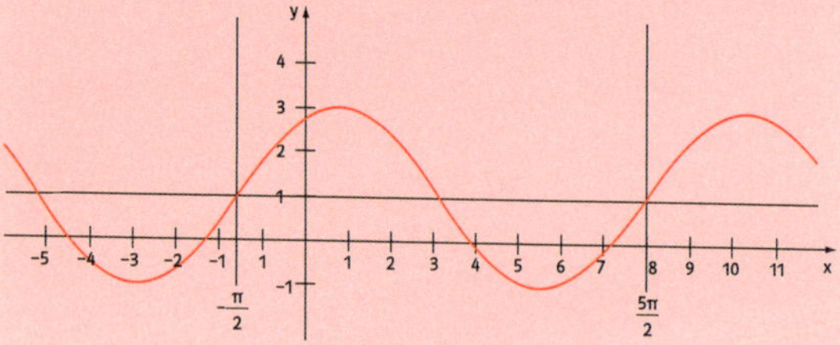

Analysis – Integralrechnung

Stammfunktion und Integralfunktionen

QUICK-FINDER

Stammfunktion

Unbestimmtes Integral

Bestimmtes Integral

Integralfunktion

Stammfunktion

BEGRIFF DER STAMMFUNKTION

f: $\mathbb{R} \to \mathbb{R}$, $x \mapsto y = \frac{3}{2}x^2$, hat die Ableitung

f': $\mathbb{R} \to \mathbb{R}$, $x \mapsto y = 3x$;

umgekehrt könnte f durch Ableitung aus der Funktion

F: R → R, $x \mapsto y = \frac{1}{2}x^3$

entstanden sein; F nennt man dann eine Stammfunktion von f. Allgemein definiert man:

Sind f und F auf einer gemeinsamen Menge D definiert und ist F in D differenzierbar mit $F'(x) = f(x)$ für alle $x \in D$, so heißt F eine Stammfunktion von f in D.

Da die Ableitung der konstanten Funktion Null ist, gilt der Satz: **Die Differenz zweier Stammfunktionen derselben Funktion ist eine konstante Funktion.**

Beispiel 1: Nachweis für Stammfunktion

Zeige, dass

F: $\mathbb{R} \to \mathbb{R}$, $x \mapsto F(x) = \sqrt{x^2+1}$

eine Stammfunktion von

f: $\mathbb{R} \to \mathbb{R}$, $x \mapsto f(x) = \frac{x}{\sqrt{x^2+1}}$ ist.

$F'(x) = \frac{1}{2\sqrt{x^2+1}} \cdot 2x = \frac{x}{\sqrt{x^2+1}} = f(x)$ für alle $x \in \mathbb{R}$

3

Beispiel 2: Differenz zweier Stammfunktionen

Zeige, dass auch $G: \mathbb{R} \to \mathbb{R}, x \mapsto G(x) = \frac{x^2}{1 + \sqrt{x^2+1}}$, eine Stammfunktion von f ist!
Zum Nachweis könnte man G ableiten; man kann aber auch zeigen, dass sich G(x) von F(x) nur um einen konstanten Summanden unterscheidet:

$$F(x) - G(x) = \sqrt{x^2+1} - \frac{x^2}{1+\sqrt{x^2+1}}$$

$$= \frac{\sqrt{x^2+1} \cdot (1 + \sqrt{x^2+1}) - x^2}{1+\sqrt{x^2+1}}$$

$$= \frac{\sqrt{x^2+1} + x^2 + 1 - x^2}{1+\sqrt{x^2+1}} = \frac{\sqrt{x^2+1} + 1}{1+\sqrt{x^2+1}} = 1 = \text{const.}$$

Beispiel 3: Ermittlung einer Stammfunktion

Bestimme diejenige Stammfunktion H von f, deren Graph den Punkt $(\sqrt{3} \mid -1)$ enthält

Ansatz: $H(x) = F(x) + C = \sqrt{x^2+1} + C$

Bedingung: $H(\sqrt{3}) = -1$, d.h. $\sqrt{3+1} + C = -1$;
$C = -1 - 2 = -3$

Ergebnis: $H(x) = \sqrt{x^2+1} - 3$

Unbestimmtes Integral

BEGRIFF DES UNBESTIMMTEN INTEGRALS Unter dem unbestimmten Integral $\int f(x)\,dx$ einer Funktion f versteht man die Menge ihrer Stammfunktionen:

$$\int f(x)\,dx = \{F \mid F'(x) = f(x)\}.$$

Da die Differenz zweier Stammfunktion derselben Funktion f konstant ist, gilt:

$$\int f(x)\,dx = \{x \mapsto F(x) + c \mid c \in \mathbb{R}\}$$

Dafür ist die folgende einfachere Schreibweise üblich:

$$\int f(x)\,dx = F(x) + c$$

(Diese Gleichung ist aber keine Gleichung im algebraischen Sinn, sondern sie soll lediglich zum Ausdruck bringen, dass $(F(x) + c)' = f(x)$ ist.)

GRUNDINTEGRALE Aus den bisher bekannten Ableitungsregeln (vgl. Seiten 64 und 91) ergeben sich folgende Grundintegrale:

$f(x)$	$\int f(x)\,dx$	
x^n	$\frac{1}{n+1} \cdot x^{n+1} + c$	für $n \in \mathbb{R} \setminus \{-1\}$
$\sin x$	$-\cos x + c$	
$\cos x$	$\sin x + c$	
$\frac{1}{\cos^2 x}$	$\tan x + c$	
$\frac{1}{\sin^2 x}$	$-\frac{1}{\tan x} + c$	

Weiter gelten folgende allgemeine Regeln:

$\int k \cdot f(x)\,dx = k \cdot \int f(x)\,dx \; (k \neq 0)$ und

$\int (f+g)(x)\,dx = \int f(x)\,dx + \int g(x)\,dx.$

Beispiel 4: Unbestimmtes Integral einer Polynomfunktion

Das unbestimmte Integral der Polynomfunktion

$f: \mathbb{R} \to \mathbb{R}, x \mapsto y = \frac{4}{3}x^3 - \frac{1}{2}x^2 + 5$ ist

$\int f(x)\,dx = \frac{1}{3}x^4 - \frac{1}{6}x^3 + 5x + c$

Bestimmtes Integral

STREIFENMETHODE Ausgangspunkt für die Definition des bestimmten Integrals ist das Problem, den Inhalt der Fläche zwischen der x-Achse und dem Graphen einer auf [a; b] definierten Funktion f zu bestimmen. Man wählt eine Zerlegung des Intervalls [a; b] in n Streifen:

$$a = x_0 < x_1 < x_2 < \ldots < x_{n-1} < x_n = b;$$

die Breite des i-ten Streifens ist

$$\Delta x_i = x_i - x_{i-1}.$$

Weiter wählt man in jedem Streifen eine Stützstelle $\xi_i \in [x_{i-1}; x_i]$. Die Skizze zeigt ein Beispiel mit einer auf [a; b] positiven Funktion für $n = 4$.

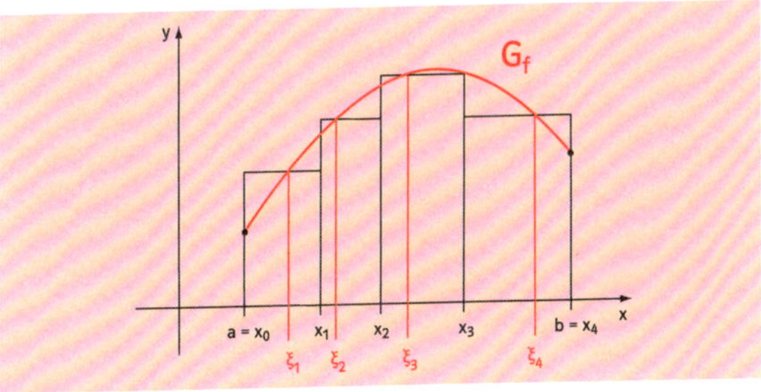

Die Fläche zwischen der x-Achse und G_f lässt sich nun annähern durch die folgende Summe von Rechtecksflächen:

$$f(\xi_1) \cdot (x_1 - x_0) + f(\xi_2) \cdot (x_2 - x_1) + \ldots + f(\xi_n) \cdot (x_n - x_{n-1}) =$$
$$= f(\xi_1) \cdot \Delta x_1 + f(\xi_2) \cdot \Delta x_2 + \ldots + f(\xi_n) \cdot \Delta x_n$$
$$= \sum_{i=1}^{n} f(\xi_i) \cdot \Delta x_i$$

BEGRIFF DES BESTIMMTEN INTEGRALS Ist f auf [a; b] wenigstens abschnittsweise stetig, so ist die Annäherung umso besser, je größer die Zahl n der Streifen ist; beim Grenzübergang $n \to \infty$ muss allerdings die Länge Δx_i des breitesten Streifens gegen Null gehen. Existiert unter dieser Bedingung

$$\lim_{n \to \infty} \sum_{i=1}^{n} f(\xi_i) \cdot \Delta x_i,$$

so heißt f über [a; b] **integrierbar** und man nennt

$$\int_a^b f(x)\,dx = \lim_{n \to \infty} \sum_{i=1}^{n} f(\xi_i) \cdot \Delta x_i$$

das **bestimmte Integral** von f über [a; b].

Die Funktion f, über die integriert wird, heißt **Integrand** oder **Integrandenfunktion**.

Integrierbar sind alle auf [a; b] wenigstens abschnittsweise stetigen Funktionen, insbesondere alle auf [a; b] stetigen Funktionen. Da alle differenzierbaren Funktionen stetig sind (vgl. Seite 63), gilt:

Differenzierbarkeit ⇒ Stetigkeit ⇒ Integrierbarkeit

Beispiel 1: Anwendung der Streifenmethode auf eine quadratische Funktion

Gesucht ist der Inhalt der Fläche zwischen der x-Achse und dem Graphen der Funktion

$$f\colon [1; 4] \to \mathbb{R},\ x \mapsto y = \tfrac{1}{4}x^2$$

Am einfachsten ist es, das Intervall [1; 4] **äquidistant**, das heißt in n Streifen gleicher Breite zu zerlegen; jeder Streifen hat dann die Breite:

$$\frac{b-a}{n} = \frac{4-1}{n} = \frac{3}{n}.$$

Grenzwert der Untersumme

Als Stützstellen werden die linken Ränder der Streifen gewählt, also

$\xi_1 = x_0, \xi_2 = x_1, \ldots, \xi_n = x_{n-1}$:

da f auf [1; 4] streng monoton wachsend ist, ist die Summe der Rechtecksflächeninhalte sicher kleiner als der gesuchte Flächeninhalt, und man spricht von einer **Untersumme**:

Skizze für n = 3

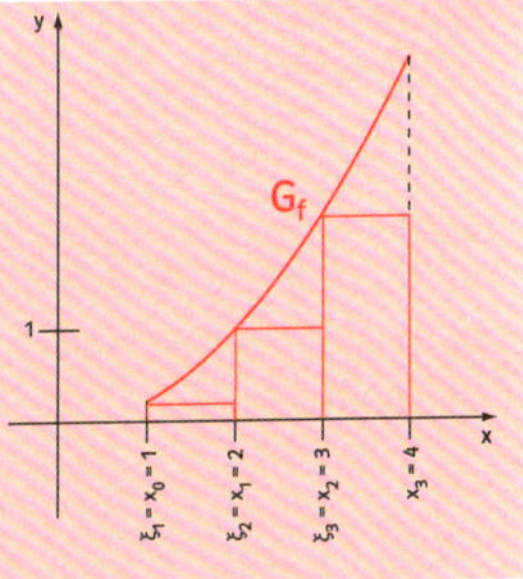

$$s_n = f(\xi_1)\cdot\frac{3}{n} + f(\xi_2)\cdot\frac{3}{n} + f(\xi_3)\cdot\frac{3}{n} + \ldots + f(\xi_n)\cdot\frac{3}{n}$$

$$= \left(f(1) + f\left(1+\frac{3}{n}\right) + f\left(1+\frac{3}{n}\cdot 2\right) + \ldots + f\left(1+\frac{3}{n}\cdot(n-1)\right)\right)\cdot\frac{3}{n}$$

$$= \left(f\frac{n}{n}\right) + f\left(\frac{n+3}{n}\right) + f\left(\frac{n+3\cdot 2}{n}\right) + \ldots + f\left(\frac{n+3\cdot(n-1)}{n}\right)\cdot\frac{3}{n}$$

$$= \frac{1}{4}\cdot\left(\frac{n^2}{n^2} + \frac{(n+3)^2}{n^2} + \frac{(n+3\cdot 2)^2}{n^2} + \ldots + \frac{(n+3(n-1))^2}{n^2}\right)\cdot\frac{3}{n}$$

$$= \frac{3}{4n^3}\cdot(n^2 + (n+3)^2 + (n+3\cdot 2)^2 + \ldots + (n+3\cdot(n-1))^2)$$

$$= \frac{3}{4n^3}\cdot(n^2 + n^2 + 6n + 9 + n^2 + 2\cdot 6n + 4\cdot 9 + \ldots$$
$$+ n^2 + (n-1)\cdot 6n + (n-1)^2\cdot 9)$$

$$= \frac{3}{4n^3}\cdot(n^2\cdot n + 6n\cdot(1 + 2 + \ldots + (n-1))$$
$$+ 9\cdot(1 + 4 + \ldots + (n-1)^2)$$

$$= \frac{3}{4n^3}\cdot\left(n^3 + 6n\cdot\frac{(n-1)\cdot n}{2} + 9\cdot\frac{(n-1)\cdot n\cdot(2n-1)}{6}\right) = \ldots$$

$$= \frac{21}{4} - \frac{45}{8n} + \frac{9}{8n^2}$$

$$\lim_{n\to\infty} s_n = \frac{21}{4} = 5\frac{1}{4}$$

Grenzwert der Obersumme

Als Stützstellen werden die rechten Ränder der Streifen gewählt, also

$\xi_1 = x_1, \xi_2 = x_2, \ldots, \xi_n = x_n;$

diesmal ist die Summe der Rechtecksflächeninhalte größer als der gesuchte Flächeninhalt:

Skizze für n = 3

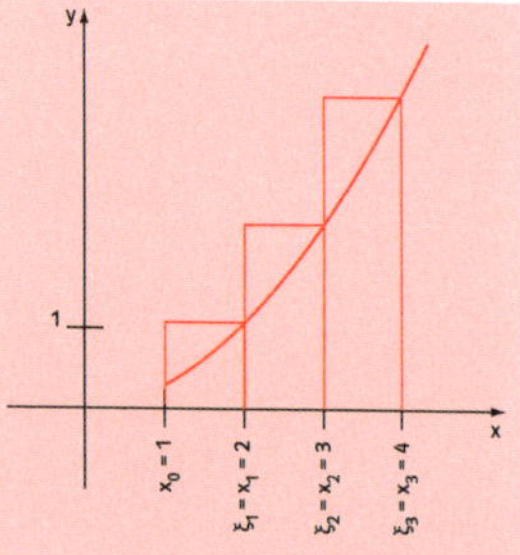

Obersumme

$$S_n = \left(f\left(1 + \tfrac{3}{n}\right) + f\left(1 + \tfrac{3}{n} \cdot 2\right) + \ldots + f\left(1 + \tfrac{3}{n} \cdot n\right)\right) \cdot \tfrac{3}{n} = \ldots$$

$$= \frac{3}{4n^3} \cdot (n^3 + 6n \cdot (1 + 2 + \ldots + n) + 9 \cdot (1 + 4 + \ldots + n^2))$$

$$= \frac{3}{4n^3} \cdot \left(n^3 + 6n \cdot \frac{n(n+1)}{2} + 9 \cdot \frac{n(n+1)(2n+1)}{6}\right)$$

$$= \ldots = \frac{21}{4} + \frac{45}{8n} + \frac{9}{8n^2}$$

$$\lim_{n \to \infty} S_n = \frac{21}{4} = 5\tfrac{1}{4}$$

Ergebnis: $\int_1^4 \frac{1}{4} x^2 \, dx = 5\tfrac{1}{4}$

Wie man an diesem Beispiel sieht, kann die Berechnung bestimmter Integrale nach der Streifenmethode recht mühsam sein. Erfreulicherweise geht es auch einfacher; dazu ist zunächst jedoch noch etwas Theorie erforderlich.

3

Integralfunktion

BEGRIFF DER INTEGRALFUNKTION Betrachtet man die obere Integrationsgrenze des bestimmten Integrals

$$\int_a^b f(t)\,dt$$

als variabel, so erhält man eine neue Funktion

$$F: x \mapsto F(x) = \int_a^x f(t)\,dt;$$

diese Funktion heißt eine **Integralfunktion** von f.

Offensichtlich ist

$$F(a) = \int_a^a f(t)\,dt = 0,$$

das heißt eine Integralfunktion hat – mindestens – an der unteren Integrationsgrenze eine Nullstelle.

HAUPTSATZ DER DIFFERENZIAL- UND INTEGRALRECHNUNG (HDI) Wichtiger ist aber, dass man mit Hilfe des Mittelwertsatzes (vgl. Seite 88) den folgenden Satz beweisen kann:

Hauptsatz der Differential- und Integralrechnung (HDI):

$$\frac{d}{dx}\int_a^x f(t)\,dt = f(x) \quad \text{(für f stetig)}$$

In Worten heißt dies, dass jede Integralfunktion F einer stetigen Integrandenfunktion f differenzierbar ist und dass ihre Ableitung F' gleich der Integrandenfunktion f ist. Die Integration ist also sozusagen die Umkehrung der Differentiation. Oder:

Jede Integralfunktion einer stetigen Funktion f ist eine Stammfunktion von f. (*)

Daraus ergibt sich ein recht einfaches Rezept zur Berechnung bestimmter Integrale:

INTEGRATIONSFORMEL Ist $\int_a^b f(t)\,dt$ gesucht und ist f stetig, also integrierbar, so bestimmt man eine Stammfunktion F von f;

$x \mapsto \int_a^x f(t)\,dt = F(x) + c_0$ mit geeignetem $c_0 \in \mathbb{R}$ ist eine Integralfunktion von f, und es gilt:

$$\int_a^a f(t)\,dt = F(a) + c_0 = 0 \;\Rightarrow\; c_0 = -F(a); \text{ also ist}$$

$$\int_a^b f(t)\,dt = F(b) + c_0 = F(b) - F(a) =: [F(x)]_a^b$$

Das bestimmte Integral $\int_a^b f(x)\,dx$ über eine stetige Funktion f zwischen der unteren Grenze a und der oberen Grenze b ist also gleich der Differenz $F(b) - F(a)$ der Funktionswerte einer beliebigen Stammfunktion F von f:

Integrationsformel:

$$\int_a^b f(x)\,dx = F(b) - F(a) =: [F(x)]_a^b$$

Beispiel 2: Bestimmtes Integral über eine quadratische Funktion

f: $\mathbb{R} \to \mathbb{R}$, $x \mapsto y = \frac{1}{4}x^2$, hat F: $\mathbb{R} \to \mathbb{R}$, $x \mapsto y = \frac{1}{12}x^3$, als Stammfunktion; also ist

$$\int_1^4 \frac{1}{4}x^2\,dx = \left[\frac{1}{12}x^3\right]_1^4 = \frac{1}{12}\cdot 4^3 - \frac{1}{12}\cdot 1^3 = \frac{64-1}{12} = \frac{63}{12} = \frac{21}{4} = 5\frac{1}{4}$$

(Vgl. Beispiel 1, Seite 98 f.)

Beispiel 3: Bestimmtes Integral über die Sinusfunktion

$$\int_0^\pi \sin x\,dx = [-\cos x]_0^\pi = -\cos\pi - (-\cos 0) = -(-1) - (-1) = 2$$

Beispiel 4: Integralfunktion der Wurzelfunktion; Beispiel zum HDI

$$\int_2^x \sqrt{t}\,dt = \int_2^x t^{\frac{1}{2}}dt = \left[\frac{1}{\frac{1}{2}+1}\cdot t^{\frac{1}{2}+1}\right]_2^x = \left[\frac{2}{3}\cdot t^{\frac{3}{2}}\right]_2^x = \frac{2}{3}\cdot x^{\frac{3}{2}} - \frac{2}{3}\cdot 2^{\frac{3}{2}}$$

$$= \frac{2}{3}\cdot\sqrt{x^3} - \frac{2}{3}\cdot\sqrt{8} = \frac{2}{3}\cdot\sqrt{x^3} - \frac{4\sqrt{2}}{3}$$

$$=: F(x);$$

$$F'(x) = \frac{2}{3}\cdot\frac{1}{2\sqrt{x^3}}\cdot 3x^2 = \frac{x^2}{\sqrt{x^3}} = \frac{x^2}{x^{1,5}} = x^{\frac{1}{2}} = \sqrt{x};\ \text{vgl. HDI!}$$

Bemerkung: Der Kehrsatz von Satz (*) ist falsch, d. h.: Nicht jede Stammfunktion einer stetigen Funktion f muss auch eine Integralfunktion von f sein. Eine Integralfunktion von f muss nämlich mindestens eine Nullstelle besitzen.

Beispiel 5: Zusammenhang zwischen Integralfunktion und Stammfunktion

$\int 2x\,dx = x^2 + c,\ c \in \mathbb{R},$
ist die Menge aller Stammfunktionen von $f: x \mapsto y = 2x$.
Für $c \in \mathbb{R}^+$ haben diese Stammfunktionen keine Nullstelle, sind also keine Integralfunktionen von f. Integralfunktionen von f sind nur diejenigen Stammfunktionen
$F: x \mapsto y = x^2 + c$, für die $c \in \mathbb{R}_0^-$ ist.

REGELN FÜR DAS BESTIMMTE INTEGRAL Aus der Integrationsformel $\int_a^b f(x)\,dx$, dem HDI und den entsprechenden Ableitungsregeln folgt:

Regeln

$$\int_a^b f(x)\,dx = -\int_b^a f(x)\,dx$$

$$\int_a^a f(x)\,dx = 0$$

$$\int_a^b k \cdot f(x)\,dx = k \cdot \int_a^b f(x)\,dx$$

$$\int_a^c f(x)\,dx = \int_a^b f(x)\,dx + \int_b^c f(x)\,dx$$

$$\int_a^b (f+g)(x)\,dx = \int_a^b f(x)\,dx + \int_a^b g(x)\,dx$$

Ist $f(x) < g(x)$ für alle $x \in [a; b]$, so gilt:

$$\int_a^b f(x)\,dx < \int_a^b g(x)\,dx$$

Analysis – Integralrechnung

Flächeninhaltsberechnung

QUICK-FINDER

Fläche zwischen Graph und x-Achse

- Zusammenhang zwischen Flächeninhaltsberechnung und Berechnung des bestimmten Integrals → S. 106

Fläche zwischen zwei Graphen

- Regel für die Berechnung des Flächeninhalts zwischen den Graphen zweier Funktionen → S. 107

Fläche zwischen Graph und x-Achse

ZUSAMMENHANG ZWISCHEN FLÄCHENINHALTSBERECHNUNG UND BERECHNUNG DES BESTIMMTEN INTEGRALS

$$\int_a^b f(x)\,dx$$

gibt nur dann den Inhalt der Fläche zwischen der x-Achse und G_f und zwischen den Geraden mit den Gleichungen $x = a$ und $x = b$ mit $b > a$ wieder, wenn f auf [a; b] positiv ist.

Ist f auf [a; b] dagegen negativ, so hat auch $\int_a^b f(x)\,dx$ einen negativen Wert, und der Inhalt des betreffenden Flächenstücks ist

$$\left|\int_a^b f(x)\,dx\right| = -\int_a^b f(x)\,dx = \int_b^a f(x)\,dx$$

Ist also nach dem Inhalt der Fläche zwischen dem Graphen einer Funktion f und der x-Achse gefragt, so ist es am einfachsten, die Nullstellen von f zu ermitteln und dann – unter Beachtung des Vorzeichens – jeweils von Nullstelle zu Nullstelle über f zu integrieren.

Beispiel 1: Inhalt der Fläche zwischen einer kubischen Parabel und der x-Achse

$f\colon \mathbb{R} \to \mathbb{R},\ x \mapsto y = x^3 + 2x^2 - 3x$
$= x(x^2 + 2x - 3)$
$= x(x-1)(x+3)$

	$x < -3$	$x = 3$	$-3 < x < 0$	$x = 0$	$0 < x < 1$	$x = 1$	$x > 1$
f(x)	–	0	+	0	–	0	+

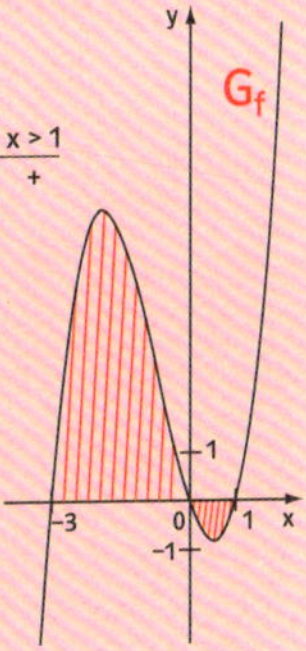

$$A = \int_{-3}^{0} f(x)\,dx - \int_{0}^{1} f(x)\,dx$$

$$= \int_{-3}^{0} f(x)\,dx + \int_{1}^{0} f(x)\,dx$$

$$= \left[\frac{1}{4}x^4 + \frac{2}{3}x^3 - \frac{3}{2}x^2\right]_{-3}^{0} + \left[\frac{1}{4}x^4 + \frac{2}{3}x^3 - \frac{3}{2}x^2\right]_{1}^{0}$$

$$= \left(-\frac{81}{4} + 18 + \frac{27}{2}\right) + \left(-\frac{1}{4} - \frac{2}{3} + \frac{3}{2}\right)$$

$$= 11\frac{1}{4} + \frac{7}{12} = 11\frac{5}{6}$$

Fläche zwischen zwei Graphen

REGEL FÜR DIE BERECHNUNG DES FLÄCHENINHALTS ZWISCHEN DEN GRAPHEN ZWEIER FUNKTIONEN Der Inhalt der Fläche zwischen den Graphen zweier Funktionen f und g im Intervall zwischen $x = a$ und $x = b$ ist

$$\int_a^b f(x)\,dx - \int_a^b g(x)\,dx = \int_a^b (f-g)(x)\,dx,$$

allerdings nur, solange $f(x) > g(x)$ für alle $x \in [a; b]$.

Am einfachsten ist es, die Schnittstellen von G_f und G_g zu ermitteln und dann jeweils von Schnittstelle zu Schnittstelle zu integrieren und dabei jeweils zu berücksichtigen, ob G_f oberhalb oder unterhalb von G_g liegt.

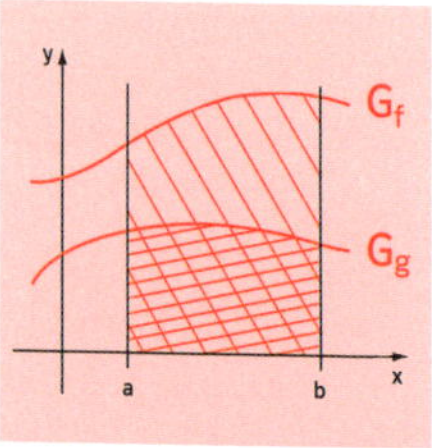

Beispiel 2: Flächeninhalt zwischen Sinus- und Kosinuskurve

Gesucht ist der Inhalt der Fläche zwischen den Graphen von $f: x \mapsto y = \sin x$ und $g: x \mapsto y = \cos x$ im Intervall zwischen $x = 0$ und $x = 2\pi$

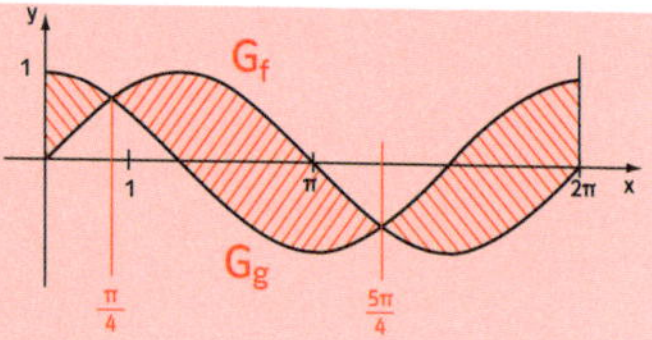

$$A = \int_0^{\frac{\pi}{4}} (\cos x - \sin x)\,dx + \int_{\frac{\pi}{4}}^{\frac{5\pi}{4}} (\sin x - \cos x)\,dx + \int_{\frac{5\pi}{4}}^{2\pi} (\cos x - \sin x)\,dx$$

$$= [\sin x + \cos x]_0^{\frac{\pi}{4}} + [-\cos x - \sin x]_{\frac{\pi}{4}}^{\frac{5\pi}{4}} + [\sin x + \cos x]_{\frac{5\pi}{4}}^{2\pi}$$

$$= \left(\frac{\sqrt{2}}{2} + \frac{\sqrt{2}}{2} - 1\right) + \left(\frac{\sqrt{2}}{2} + \frac{\sqrt{2}}{2} + \frac{\sqrt{2}}{2} + \frac{\sqrt{2}}{2}\right) + \left(1 + \frac{\sqrt{2}}{2} + \frac{\sqrt{2}}{2}\right)$$

$$= (\sqrt{2} - 1) + 2\sqrt{2} + (\sqrt{2} + 1) = 4\sqrt{2} \approx 5{,}6569$$

Beispiel 3: Verhältnis zweier Flächeninhalte

Gegeben ist die Funktion

$$f: \mathbb{R} \to \mathbb{R},\ x \mapsto y = 4{,}5 - \frac{x^2}{2} = \frac{1}{2}(9 - x^2) = \frac{1}{2}(3 + x)(3 - x).$$

a) Gesucht ist der Inhalt des rechts von der y-Achse liegenden Flächenstücks, das von G_f und den Koordinatenachsen begrenzt wird.

$$A_{ges} = \int_0^3 f(x)\,dx = \int_0^3 \frac{1}{2}(9 - x^2)\,dx = \frac{1}{2}\left[9x - \frac{1}{3}x^3\right]_0^3 = \frac{1}{2}(27 - 9) = 9$$

b) In welchem Verhältnis teilt der Graph von

$$g: \mathbb{R} \to \mathbb{R},\ x \mapsto y = \frac{5}{4}x$$

das in a) beschriebene Flächenstück?

G_g schneidet G_f im 1. Quadranten im Punkt $(2 \mid 2{,}5)$, und für alle $x \in [0; 2]$ ist $f(x) \geq g(x)$; also ist

$$A_1 = \int_0^2 (f - g)(x)\,dx$$

$$= \int_0^2 \left(\frac{1}{2}(9 - x^2) - \frac{5}{4}x\right)dx$$

$$= \left[\frac{1}{2}\left(9x - \frac{1}{3}x^3\right) - \frac{5}{8}x^2\right]_0^2$$

$$= \frac{1}{2} \cdot \left(18 - \frac{8}{3}\right) - \frac{5}{8} \cdot 4$$

$$= 9 - \frac{4}{3} - \frac{5}{2} = 5\frac{1}{6}$$

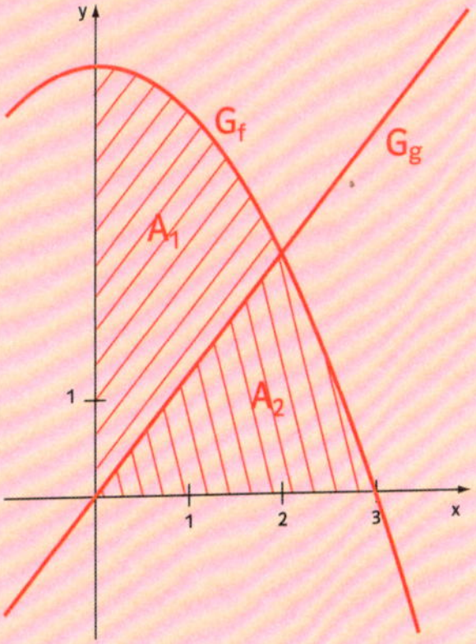

$$A_2 = A_{ges} - A_1$$

$$= 9 - 5\frac{1}{6} = 3\frac{5}{6}$$

$$A_1 : A_2 = 5\frac{1}{6} : 3\frac{5}{6} = \frac{31}{6} : \frac{23}{6}$$

$$= 31 : 23$$

Analysis – Integralrechnung

Logarithmusfunktionen

QUICK-FINDER

Natürliche Logarithmusfunktion

DEFINITION Die Integrationsregel $\int x^n dx = \frac{1}{n+1} \cdot x^n + 1 + c$ gilt für alle reellen Werte von n mit Ausnahme von $n = -1$.
Die Funktion $f\colon \mathbb{R}\setminus\{0\} \to \mathbb{R},\ x \mapsto y = x^{-1} = \frac{1}{x}$ ist jedoch stetig und damit integrierbar, und so ist es sinnvoll, die folgende Integralfunktion zu definieren:

$$\ln: \mathbb{R}^+ \to \mathbb{R},\ x \mapsto y = \ln x = \log_e x = \int_1^x \frac{1}{t}\,dt$$

ln heißt **natürliche Logarithmusfunktion**.

EULERSCHE ZAHL E Ihre Basis ist die **Eulersche Zahl e**; dies ist diejenige reelle Zahl, für die gilt:

$$\ln e = \int_e^1 \frac{1}{t}\,dt = 1.$$

Die Zahl e lässt sich als Grenzwert berechnen:

$$e = \lim_{n\to\infty}\left(1 + \frac{1}{n}\right)^n$$

$e = 2{,}71828182845\ldots$ ist eine irrationale Zahl

Eigenschaften der natürlichen Logarithmusfunktion

- Definitionsmenge $D_{\ln} = \mathbb{R}^+$
- ln hat die Nullstelle $x = 1$
- Wertemenge $W_{\ln} = \mathbb{R}$
- $\ln(x) \to \infty$ für $x \to +\infty$; $\ln(x) \to -\infty$ für $x \overset{>}{\to} 0$
- $\ln(a \cdot b) = \ln(a) + \ln(b)$
- $\ln\frac{a}{b} = \ln a - \ln b$
- $\ln a^b = b \cdot \ln a$
- $\ln'(x) = \frac{d}{dx}\int_1^x \frac{1}{t}\,dt = \frac{1}{x}$; ln ist auf $\mathbb{R}^+$ differenzierbar und damit stetig
  $\ln'(x) > 0$ für alle $x \in \mathbb{R}^+$
  $\Rightarrow$ ln ist streng monoton zunehmend
- Graph:

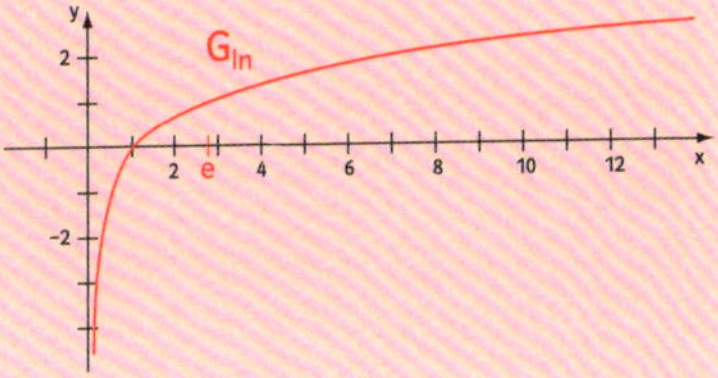

GRENZWERTE Häufig benötigt werden die folgenden **Grenzwerte**, die sich mit Hilfe der Regeln von L'Hospital (vgl. Seite 88 f.) berechnen lassen:

$$\lim_{x \overset{>}{\to} 0}(x \cdot \ln x) = \lim_{x \overset{>}{\to} 0}\frac{\ln x}{\frac{1}{x}} = \lim_{x \overset{>}{\to} 0}\frac{\frac{1}{x}}{\frac{-1}{x^2}} = \lim_{x \overset{>}{\to} 0}(-x) = 0;$$

$$\lim_{x \to \infty}\frac{\ln x}{x} = \lim_{x \to \infty}\frac{\frac{1}{x}}{1} = \lim_{x \to \infty}\frac{1}{x} = 0.$$

Verallgemeinert gilt: $\lim_{x \to \infty}\frac{\ln x}{x^n} = 0$ für alle $n > 0$.
Die ln-Funktion wächst für $x \to \infty$ weniger stark als jede beliebige Potenzfunktion mit positivem Exponenten.

Allgemeine Logarithmusfunktion

EIGENSCHAFTEN DER ALLGEMEINEN LOGARITHMUSFUNKTION
Logarithmusfunktionen gibt es nicht nur zur Basis e, sondern auch zu anderen Basen $b \in \mathbb{R}^+ \setminus \{1\}$.
Wegen $y = \log_b x \Leftrightarrow b^y = x \Leftrightarrow \ln b^y = \ln x$
$\Leftrightarrow y \cdot \ln b = \ln x$ gilt:

$$\log_b x = \frac{\ln x}{\ln b}$$

Von Bedeutung sind insbesondere
- der Zehnerlogarithmus (dekadischer Logarithmus):
  $\lg x := \log_{10} x = \frac{\ln x}{\ln 10}$
- der Zweierlogarithmus (binärer Logarithmus):
  $\operatorname{lb} x := \log_2 x = \frac{\ln x}{\ln 2}$

Die **Ableitung der allgemeinen Logarithmusfunktion**
$\log_b: \mathbb{R}^+ \to \mathbb{R},\ x \mapsto y = \log_b x = \frac{\ln x}{\ln b},\ b \in \mathbb{R}^+ \setminus \{1\}$, ist

$$\frac{d}{dx} \log_b: \mathbb{R}^+ \to \mathbb{R},\ x \mapsto y = \frac{1}{x \cdot \ln b}$$

Graphen verschiedener Logarithmusfunktionen

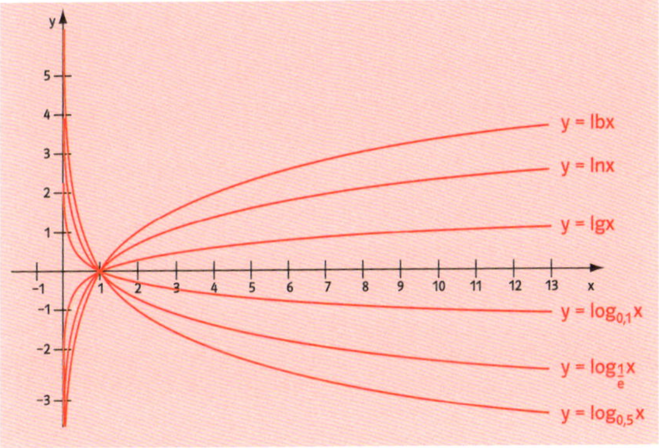

Logarithmische Integration

LOGARITHMISCHE INTEGRATION Ist $f: I \to \mathbb{R},\ x \mapsto y = f(x)$ differenzierbar und hat f auf I keine Nullstellen, so ist die Funktion

$g: I \to \mathbb{R},\ x \mapsto \ln|f(x)|$

wohldefiniert und differenzierbar:

$$g'(x) = \frac{d}{dx}(\ln|f(x)|) = \frac{d}{dx}\{\ln[f(x) \cdot \operatorname{sgn}(f(x))]\}$$

$$= \frac{1}{f(x) \cdot \operatorname{sgn}(f(x))} \cdot [f'(x) \cdot \operatorname{sgn}(f(x)) + 0 \cdot f(x)]$$

$$= \frac{f'(x) \cdot \operatorname{sgn}(f(x))}{f(x) \cdot \operatorname{sgn}(f(x))} = \frac{f'(x)}{f(x)} \Rightarrow \int \frac{f'(x)}{f(x)} dx = \ln|f(x)| + c$$

Das bedeutet: Wenn beim Quotienten zweier Funktionen der Zähler gleich der Ableitung des Nenners ist, dann ist der natürliche Logarithmus des Nennerbetrags der Funktionsterm einer Stammfunktion des Bruches.

Beispiel 1: Logarithmische Integration

$$\int_0^e \frac{2x}{x^2+1}\,dx = \left[\ln|x^2+1|\right]_0^e = \ln|e^2+1| - \ln|1|$$
$$= \ln(e^2+1)$$

Beispiel 2: Logarithmische Integration

$$\int_0^1 \frac{x}{x^2-9}\,dx = \frac{1}{2}\cdot\int_0^1 \frac{2x}{x^2-9}\,dx = \frac{1}{2}\cdot\left[\ln|x^2-9|\right]_0^1$$
$$= \frac{1}{2}\cdot(\ln|1-9| - \ln|0-9|) = \frac{1}{2}\cdot(\ln 8 - \ln 9)$$
$$= \frac{1}{2}\cdot\ln\frac{8}{9}$$

Beispiel 3: Logarithmische Integration

$$\int \tan x\,dx = \int \frac{\sin x}{\cos x}\,dx = -\int \frac{-\sin x}{\cos x}\,dx = -\ln|\cos x| + c$$

Beispiel einer Kurvendiskussionsaufgabe I

Diskussion einer Logarithmusfunktion

Gegeben ist die Funktion

$$f\colon D_{max} \to \mathbb{R},\ x \mapsto y = 4 \cdot \ln \frac{18}{x^2 - 8x + 25}.$$

a) Bestimme D_{max}!

$$f(x) = 4 \cdot \ln \frac{18}{x^2 - 8x + 25} = 4 \cdot (\ln 18 - \ln(x^2 - 8x + 25));$$

$$x^2 - 8x + 25 = x^2 - 8x + 16 + 9$$

$$= (x-4)^2 + 9 \geq 9 > 0 \quad \text{für alle } x \in \mathbb{R}$$

$$\Rightarrow D_{max} = \mathbb{R}$$

b) Berechne die Koordinaten der Schnittpunkte von G_f mit den Koordinatenachsen!

$$f(0) = 4 \cdot \ln \frac{18}{25} = 4 \cdot \ln 0{,}72 \approx -1{,}31;$$

Schnittpunkt von G_f mit der y-Achse: $(0 \mid 4 \ln 0{,}72)$

Nullstellen:

$$f(x) = 0 \Leftrightarrow \ln \frac{18}{x^2 - 8x + 25} = 0 \Leftrightarrow \frac{18}{x^2 - 8x + 25} = 1$$

$$\Leftrightarrow x^2 - 8x + 25 = 18 \Leftrightarrow x^2 - 8x + 7 = 0$$

$$\Leftrightarrow (x-1)(x-7) = 0 \Leftrightarrow x = 1 \vee x = 7$$

c) Weise nach, dass G_f achsensymmetrisch bezüglich der Achse mit der Gleichung $x = 4$ ist!

$$f(4 - x) = 4 \cdot \ln \frac{18}{(4 - x - 4)^2 + 9} = 4 \cdot \ln \frac{18}{x^2 + 9}$$

$$= 4 \cdot \ln \frac{18}{(4 + x - 4)^2 + 9}$$

$$= f(4 + x) \quad \text{für alle } x \in \mathbb{R}$$

$\Rightarrow$ G_f ist achsensymmetrisch bezüglich der Achse mit der Gleichung $x = 4$.

d) Untersuche das Verhalten von f an den Rändern des Definitionsbereichs!

$$\lim_{x \to \pm\infty} ((x-4)^2 + 9) = +\infty$$

$$\Rightarrow \lim_{x \to \pm\infty} \left(\frac{18}{(x-4)^2 + 9} \right) = +0$$

$$\Rightarrow \lim_{x \to \pm\infty} f(x) = 4 \cdot \lim_{x \to \pm\infty} \left(\ln \frac{18}{(x-4)^2 + 9} \right) = -\infty$$

e) Untersuche das Monotonieverhalten von f und gib die Wertemenge von f an!

$$f'(x) = -\frac{4 \cdot (2x-8)}{x^2 - 8x + 25} = \frac{-8 \cdot (x-4)}{(x-4)^2 + 9}; \ f'(x) = 0 \Leftrightarrow x = 4;$$

$$f(4) = 4 \cdot \ln \frac{18}{16 - 32 + 25} = 4 \cdot \ln 2 = \ln 16 \approx 2{,}77$$

	$x < 4$	$x = 4$	$x > 4$
$f'(x)$	+	0	–
G_f	streng monoton steigend	HP(4 | ln16)	streng monoton steigend

Wertemenge: $W_f =]-\infty; \ln 16]$

f) Untersuche das Krümmungsverhalten von G_f und bestimme die Gleichung derjenigen Wendetangente, die positive Steigung besitzt!

$$f''(x) = -8 \cdot \frac{x^2 - 8x + 25 - (x-4)(2x-8)}{(x^2 - 8x + 25)^2}$$

$$= -\frac{8 \cdot x^2 - 8x + 25 - 2x^2 + 16x - 32}{(x^2 - 8x + 25)^2}$$

$$= \frac{8(x^2 - 8x + 7)}{(x^2 - 8x + 25)^2} = \frac{8(x-1)(x-7)}{(x^2 - 8x + 25)^2}$$

$$f''(x) = 0 \Leftrightarrow x = 1 \lor x = 7$$

	$x < 1$	$x = 1$	$1 < x < 7$	$x = 7$	$7 < x$
$f''(x)$	+	0	–	0	+
G_f	linksgekrümmt	W_1 (1|0)	rechtsgekrümmt	W_2(7|0)	linksgekrümmt

In W_1 ist die Steigung der Wendetangente positiv:

$$f'(1) = \frac{-4 \cdot (2-8)}{1 - 8 + 25} = \frac{4 \cdot 6}{18} = \frac{4}{3}$$

Gleichung der Wendetangente: $y = \frac{4}{3}x + t$
Einsetzen der Koordinaten von W_1 liefert: $t = -\frac{4}{3}$

g) Zeichne G_f samt Wendetangenten unter Verwendung aller Ergebnisse auf dem Intervall [−4; 12]!

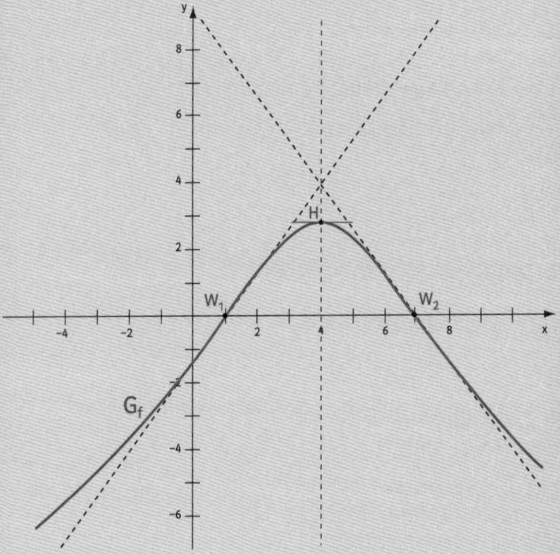

Analysis – Integralrechnung

Exponentialfunktionen

QUICK-FINDER

Natürliche Exponentialfunktion

DEFINITION Die natürliche Logarithmusfunktion ln ist streng monoton, also umkehrbar:

$$y = \ln x = \log_e x \quad \Leftrightarrow \quad x = e^y = \exp y;$$

nach Variablentausch:

$$\exp: \mathbb{R} \to \mathbb{R},\ x \mapsto y = \exp x = e^x$$

ist die natürliche Exponentialfunktion.
Ihr Graph entsteht aus dem der ln-Funktion durch Spiegelung an der 1. Winkelhalbierenden des Koordinatensystems, und die Eigenschaften der Exponen-

tialfunktion ergeben sich aus den entsprechenden Eigenschaften der ln-Funktion:

EIGENSCHAFTEN

Eigenschaften der Exponentialfunktion

- Definitionsmenge $D_{exp} = \mathbb{R}$; Wertemenge $W_{exp} = \mathbb{R}^+$
- exp besitzt keine Nullstellen
- exp ist streng monoton zunehmend
- $\exp x \to +\infty$ für $x \to +\infty$; $\exp x \to +0$ für $x \to -\infty$
- Die Ableitung errechnet sich nach der Regel für die Ableitung der Umkehrfunktion (vgl. Seite 69):

$$\exp' x = \frac{1}{\ln'(\exp x)} = \frac{1}{\frac{1}{\exp x}} = \exp x, \text{ also } \frac{d}{dx}e^x = e^x$$

Hieraus folgt: $\int \exp x \, dx = \exp x + c$ oder $\int e^x dx = e^x + c$

GRENZWERT Häufig benötigt wird der folgende **Grenzwert**:

$$\lim_{x \to \infty} \frac{x^n}{e^x} = 0$$

Die Exponentialfunktion wächst für $x \to \infty$ also stärker als jede beliebige Potenzfunktion.

Allgemeine Exponentialfunktion

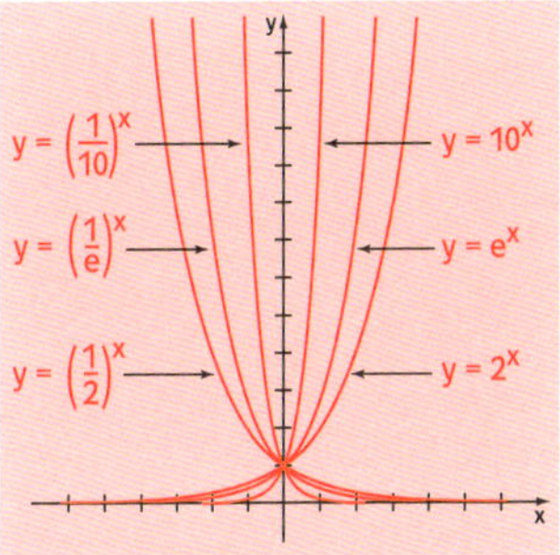

Die Umkehrfunktionen zur allgemeinen Logarithmusfunktion $\log_b x$ lautet:

b^x: $\mathbb{R} \to \mathrm{R}$, $x \mapsto y = b^x$.

Wegen $b^x = e^{x \cdot \ln b}$ gilt:

$\frac{d}{dx} b^x = b^x \cdot \ln b$ und

$\int b^x dx = \frac{b^x}{\ln b} + c$

Reihenentwicklung der Exponentialfunktion

In einer „Steckbriefaufgabe“ kann man diejenige quadratische Funktion p_2 bestimmen, für die gilt:

$$p_2(0) = \exp(0) = 1 \wedge p_2'(0) = \exp'(0) = 1 \wedge p_2''(0) = \exp''(0) = 1$$

Als Ergebnis erhält man $p_2(x) = 1 + x + \frac{x^2}{2}$

In einer Umgebung von $x_0 = 0$ stimmt p_2 gut mit exp überein.
Die Übereinstimmung ist besser, wenn man eine Polynomfunktion p_n bestimmt, die mit der Exponentialfunktion an der Stelle $x_0 = 0$ in allen Ableitungen bis zur n-ten Ableitung übereinstimmt:

$$p_n(x) = 1 + x + \frac{x^2}{2} + \frac{x^3}{6} + \ldots + \frac{x^n}{n!} = \sum_{i=0}^{n} \frac{x^i}{i!}$$

Also:

$$e^x \approx \sum_{i=0}^{n} \frac{x^i}{i!}; \quad e^x = \lim_{n \to \infty} \sum_{i=0}^{n} \frac{x^i}{i!} \quad \text{für alle } x \in \mathbb{R}$$

Diese unendliche Summe von Potenzfunktionen heißt **Reihenentwicklung der Exponentialfunktion**. Damit hat man neben $e = \lim\limits_{n \to \infty}\left(1 + \frac{1}{n}\right)^n$ eine zweite Grenzwertdarstellung der Eulerschen Zahl gewonnen:

$$e = \lim_{n \to \infty} \sum_{i=0}^{n} \frac{1}{i!}$$

Beispiel einer Kuvendiskussionsaufgabe

Gegeben ist die Funktionenschar

$$f_a:\ \mathbb{R} \to \mathbb{R},\ x \mapsto y = (x-a) \cdot e^{2-\frac{x}{a}};\ a \in \mathbb{R}^+$$

1. Untersuche die Scharfunktionen f_a bzw. ihre Graphen G_a auf

a) Achsenschnittpunkte

Nullstelle: $(x-a) \cdot e^{2-\frac{a}{x}} = 0 \Leftrightarrow x = a$

Schnittstelle mit der y-Achse: $f_a(0) = -a \cdot e^2 \approx -7{,}4a$

b) Monotonieverhalten und Extrema

$$f_a'(x) = e^{2-\frac{x}{a}} + (x-a) \cdot e^{2-\frac{x}{a}} \cdot \left(-\frac{1}{a}\right)$$

$$= e^{2-\frac{x}{a}} \cdot \left(1 - \frac{x-a}{a}\right) = \frac{2a-x}{a} \cdot e^{2-\frac{x}{a}}$$

$f_a'(x) = 0 \Leftrightarrow x = 2a;\ f_a(2a) = (2a-a) \cdot e^{2-\frac{2a}{a}} = a$

	$x < 2a$	$x = 2a$	$x > 2a$
$f_a'(x)$	+	0	–
G_a	streng monoton steigend	HP $(2a \mid a)$	streng monoton fallend

c) Krümmungsverhalten und Wendepunkte

$$f_a''(x) = -\frac{1}{a} \cdot e^{2-\frac{x}{a}} + \frac{2a-x}{a} \cdot e^{2-\frac{x}{a}} \cdot \left(-\frac{1}{a}\right)$$

$$= \frac{e^{2-\frac{x}{a}}}{a} \cdot \left(-1 + \frac{x-2a}{a}\right) = \frac{x-3a}{a^2} \cdot e^{2-\frac{x}{a}}$$

$f_a''(x) = 0 \Leftrightarrow x = 3a;\ f_a(3a)$

$$= (3a-a) \cdot e^{2-\frac{3a}{a}} = 2a \cdot e^{-1} = \frac{2a}{e}$$

	$x < 3a$	$x = 3a$	$x > 3a$
$f_a''(x)$	–	0	+
G_a	rechtsgekrümmt	Wendepunkt $\left(3a \mid \frac{2a}{e}\right)$	linksgekrümmt

d) Verhalten für $x \to \pm\infty$

$\lim\limits_{x\to\infty} f_a(x) = \lim\limits_{x\to\infty} \frac{(x-a)\cdot e^2}{e^{\frac{x}{a}}} = ae^2 \cdot \lim\limits_{x\to\infty} \frac{\frac{x}{a}-1}{e^{\frac{x}{a}}} = +0$; für $x \to \infty$

nähert sich G_a von oben asymptotisch an die x-Achse an.

$\lim\limits_{x\to-\infty} f_a(x) = e^2 \cdot \lim\limits_{x\to-\infty} \frac{x-a}{e^{\frac{x}{a}}} = -\infty$

2. a) Bestimme die Gleichung der Ortslinie der Extrempunkte der G_a!

$x = 2a \wedge y = a \Rightarrow y = \frac{x}{2}$ (mit $D = \mathbb{R}^+$)

2. b) Zeige, dass alle G_a die x-Achse unter dem gleichen Winkel schneiden und berechne diesen!

$f_a'(a) = \frac{2a-a}{a} \cdot e^{2-\frac{a}{a}} = e$ für alle $a \in \mathbb{R}^+$,

$\tan\alpha = e \Rightarrow \alpha \approx 69{,}8°$

3. Zeichne G_1!

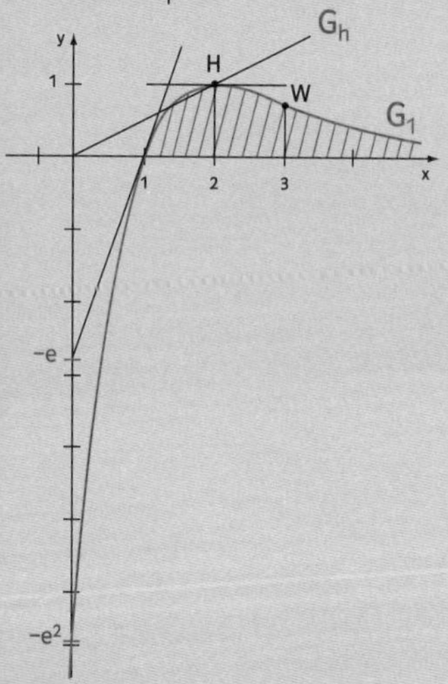

Analysis – Integralrechnung

Uneigentliche Integrale, Integrationsverfahren

QUICK-FINDER

Uneigentliche Integrale 1. Art

Integrale, bei denen der Integrationsbereich nach rechts oder links nicht beschränkt ist, nennt man **uneigentliche Integrale 1. Art**:

$$\int_a^{\infty} f(x)\,dx = \lim_{b\to\infty} \int_a^b f(x)\,dx; \quad \int_{-\infty}^b f(x)\,dx = \lim_{a\to-\infty} \int_a^b f(x)\,dx$$

Beispiel 1: Uneigentliches Integral 1. Art

Auf S. 121 war die Funktionenschar $f_a: x \mapsto y = (x-a)\cdot e^{2-\frac{x}{a}}$ diskutiert worden.
Zeige, dass $F_a(x) = -ax \cdot e^{2-\frac{x}{a}}$ der Term einer Stammfunktion von f_a ist und berechne den Inhalt des Flächenstücks zwischen G_1 und der x-Achse, das sich rechts von der Nullstelle ins Unendliche erstreckt!

$$A = \lim_{k\to\infty} \int_1^k f_1(x)\,dx = \lim_{k\to\infty} \left[F_1(x)\right]_1^k$$

$$= \lim_{k\to\infty} \left[-x\cdot e^{2-x}\right]_1^k = \lim_{k\to\infty} \left(e - k\cdot e^{2-k}\right)$$

$$= e - \lim_{k\to\infty} \frac{k}{e^{k-2}} = e - e^2 \cdot \lim_{k\to\infty} \frac{k}{e^k} = e - e^2\cdot 0 = e$$

Uneigentliche Integrale 2. Art

Von **uneigentlichen Integralen 2. Art** spricht man, wenn der Integrand an der unteren oder oberen Integrationsgrenze nicht beschränkt ist: Ist f bei a bzw. bei b nicht beschränkt, so bedeutet

$$\int_a^b f(x)\,dx = \lim_{t \overset{>}{\to} a} \int_t^b f(x)\,dx; \quad \int_a^b f(x)\,dx = \lim_{t \overset{<}{\to} b} \int_a^t f(x)\,dx$$

Beispiel 2: Uneigentliches Integral 2. Art mit endlichem Wert bzw. mit unendlichem Wert

$f\colon \mathbb{R}^+ \to \mathbb{R},\ x \mapsto y = \frac{1}{\sqrt[3]{x}} = x^{-\frac{1}{3}};$

$f(x) \to +\infty$ für $x \overset{>}{\to} 0$

Das schraffierte Flächenstück hat den Inhalt

$$A = \lim_{t \overset{>}{\to} 0} \int_t^1 x^{-\frac{1}{3}}\,dx = \lim_{t \overset{>}{\to} 0} \left[\tfrac{3}{2}x^{\frac{2}{3}}\right]_t^1$$

$$= \frac{3}{2} \cdot \lim_{t \overset{>}{\to} 0} \left(1 - t^{\frac{2}{3}}\right) = \frac{3}{2} \cdot 1 = 1\tfrac{1}{2}$$

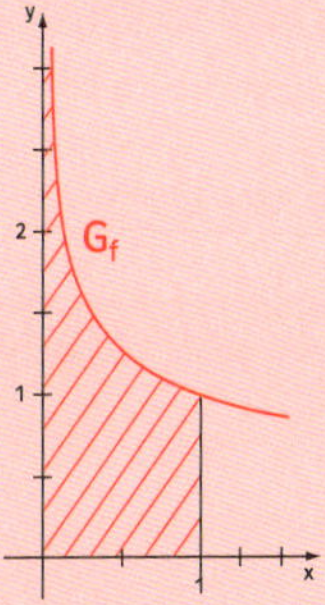

Ein uneigentliches Integral muss natürlich nicht immer einen endlichen Wert haben.

$f\colon \mathbb{R}\setminus\{2\} \to \mathbb{R},\ x \mapsto y = \frac{1}{x-2}$, hat bei $x = 2$ einen Pol. Bei der Berechnung der Fläche, die von G_f, den Achsen des Koordinatensystems und der Geraden mit der Gleichung $x = 2$ begrenzt wird, erhält man:

$$\int_0^t \left(-\frac{1}{x-2}\right)dx = \int_t^0 \frac{1}{x-2}\,dx = [\ln|x-2|]_t^0$$

$$= \ln 2 - \ln|t-2|$$

$\ln 2 - \ln|t-2| \to \infty$ für $t \overset{<}{\to} 2$

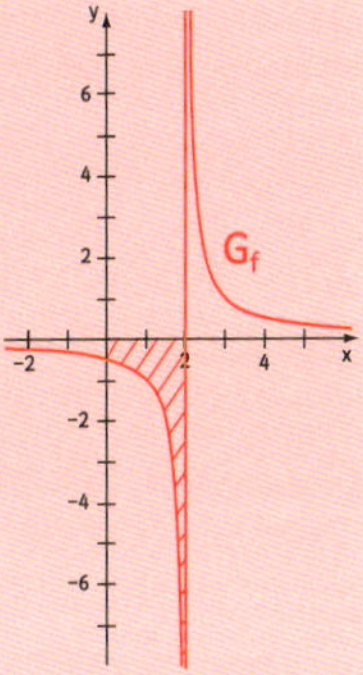

Partielle Integration

REGEL FÜR DIE PARTIELLE INTEGRATION Sie ergibt sich aus der Produktregel
$(f \cdot g)'(x) = f'(x) \cdot g(x) + f(x) \cdot g'(x)$ (vgl. Seite 65):

$$\int_a^b f(x) \cdot g'(x)\,dx = [f(x) \cdot g(x)]_a^b - \int_a^b f'(x) \cdot g(x)\,dx$$

Beispiel 3: Partielle Integration

$$\int_0^1 x \cdot e^x\,dx = [x \cdot e^x]_0^1 - \int_0^1 1 \cdot e^x\,dx$$

$$= (e - 0) - [e^x]_0^1 = e - (e - 1) = 1$$

Beispiel 4: Partielle Integration

$$\int_1^2 (x^3 - 1) \cdot e^{-x} = [(x^3 - 1) \cdot (-e^{-x})]_1^2 - \int_1^2 3x^2 \cdot (-e^{-x})\,dx$$

$$= (-7e^{-2} - 0) + 3 \cdot \int_1^2 x^2 \cdot e^{-x}\,dx$$ (erneute partielle Integration)

$$= -7e^{-2} + 3 \cdot [x^2 \cdot (-e^{-x})]_1^2 - 3 \cdot \int_1^2 2x \cdot (-e^{-x})\,dx$$

$$= -7e^{-2} + 3 \cdot (-4e^{-2} + e^{-1}) + 6 \cdot \int_1^2 x \cdot e^{-x}\,dx$$ (erneute partielle Integration)

$$= -19e^{-2} + 3e^{-1} + 6 \cdot [x \cdot (-e^{-x})]_1^2 - 6 \cdot \int_1^2 (-e^{-x})\,dx$$

$$= -19e^{-2} + 3e^{-1} + 6 \cdot (-2e^{-2} + e^{-1}) + 6 \cdot \int_1^2 (e^{-x})\,dx$$

$$= -31e^{-2} + 9e^{-1} + 6 \cdot [-e^{-x}]_1^2$$

$$= -31e^{-2} + 9e^{-1} + 6 \cdot (-e^{-2} + e^{-1})$$

$$= -37e^{-2} + 15e^{-1} = \frac{15e - 37}{e^2} \approx 0{,}5108$$

3

Beispiel 5: Partielle Integration

$$\int_2^e \ln x\,dx = \int_2^e (\ln x)\cdot 1\,dx = [(\ln x)\cdot x]_2^e - \int_2^e \tfrac{1}{x}\cdot x\,dx$$
$$= (e - 2\ln 2) - \int_2^e 1\,dx = e - 2\ln 2 - [x]_2^e$$
$$= 2 - 2\ln 2 - e + 2 = 2 - 2\ln 2 = 2 - \ln 4 \approx 0{,}6137$$

Nebenbei ist hiermit ein neues Grundintegral gefunden:

$$\int \ln x\,dx = x\ln x - x + c$$

Beispiel 6: Partielle Integration

$$\int_0^\pi \sin^2 x\,dx = \int_0^\pi \sin x\cdot \sin x\,dx$$
$$= [\sin x\cdot(-\cos x)]_0^\pi - \int_0^\pi \cos x\cdot(-\cos x)\,dx$$
$$= 0 + \int_0^\pi \cos^2 x\,dx = \int_0^\pi (1 - \sin^2 x)\,dx$$
$$= \int_0^\pi 1\,dx - \int_0^\pi \sin^2 x\,dx$$
$$= [x]_0^\pi - \int_0^\pi \sin^2 x\,dx = \pi - \int_0^\pi \sin^2 x\,dx$$
$$\Rightarrow 2\cdot\int_0^\pi \sin^2 x\,dx = \pi \Rightarrow \int_0^\pi \sin^2 x\,dx = \tfrac{\pi}{2}$$

Integration durch Substitution

SUBSTITUTIONSREGEL Sie ergibt sich aus der Kettenregel $\frac{d}{dx}(f(g(x))) = f'(g(x)) \cdot g'(x)$ (vgl. Seite 66).

$$\int_a^b f(g(x)) \cdot g'(x)\, dx = \int_{g(a)}^{g(b)} f(t)\, dt$$

oder

$$\int_{g^{-1}(a)}^{g^{-1}(b)} f(g(t)) \cdot g'(t)\, dt = \int_a^b f(x)\, dx$$

Beispiel 7: Integration durch Substitution

$$\int_1^2 (1-x)^2 dx = \int_1^2 (1 - 2x + x^2)\, dx$$
$$= \left[x - x^2 + \tfrac{1}{3}x^3\right]_1^2$$
$$= 2 - 4 + \tfrac{8}{3} - 1 + 1 - \tfrac{1}{3} = \tfrac{1}{3}$$

mit Substitution: $f(x) = f(g(t)) = (1-x)^2 = t^2$
$x = g(t) = 1 - t;\ g'(t) = -1$
$t = g^{-1}(x) = 1 - x$
$g^{-1}(1) = 0;\ g^{-1}(2) = -1$

also: $\int_1^2 (1-x)^2 dx = \int_0^{-1} t^2 \cdot (-1)\, dt$
$$= \left[-\tfrac{1}{3}t^3\right]_0^{-1} = \tfrac{1}{3}$$

Beispiel 8: Integration durch Substitution

$\int x\sqrt{x+6}\,dx$ ist gesucht;

Substitution:
$$x + 6 = t^2$$
$$x = t^2 - 6 = g(t);\ \ g'(t) = 2t$$
$$f(g(t)) = f(t^2 - 6) = (t^2 - 6)\cdot\sqrt{t^2}$$
$$= (t^2 - 6)\cdot t = t^3 - 6t$$

also:
$$\int x\sqrt{x+6}\,dx = \int (t^3 - 6t)\cdot 2t\,dt$$
$$= 2\cdot\int (t^4 - 6t^2)\,dt = 2\cdot\left(\tfrac{1}{5}t^5 - 2t^3\right) + C$$
$$= 2\cdot\left(\tfrac{1}{5}t^5\cdot(x+6)^{\frac{5}{2}} - 2\cdot(x+6)^{\frac{3}{2}}\right) + C$$
$$= \tfrac{2}{5}\cdot\sqrt{x+6}^{\,5} - 4\cdot\sqrt{x+6}^{\,3} + C$$

Beispiel 9: Integration durch Substitution

$\int_0^1 \sqrt{5-3x}\,dx$ ist gesucht;

Substitution:
$$f(x) = \sqrt{5-3x} = \sqrt{t} = f(g(t))$$
$$5 - 3x = t = g^{-1}(x)$$
$$x = \tfrac{1}{3}\cdot(5 - t) = g(t);\ \ g'(t) = -\tfrac{1}{3}$$
$$g^{-1}(0) = 5;\ \ g^{-1}(1) = 2$$

also:
$$\int_0^1 \sqrt{5-3x}\,dx = \int_5^2 \sqrt{t}\cdot\left(-\tfrac{1}{3}\right)dt = \left[-\tfrac{1}{3}\cdot\tfrac{2}{3}\cdot t^{\frac{3}{2}}\right]_5^2$$
$$= -\tfrac{2}{9}\cdot\left(2^{\frac{3}{2}} - 5^{\frac{3}{2}}\right) = -\tfrac{2}{9}\cdot\left(2\sqrt{2} - 5\sqrt{5}\right)$$
$$= \frac{10\sqrt{5} - 4\sqrt{2}}{9}$$

oder:
$$\int \sqrt{5-3x}\,dx = \int \sqrt{t}\cdot\left(-\tfrac{1}{3}\right)dt = -\tfrac{1}{3}\cdot\tfrac{2}{3}\cdot t^{\frac{3}{2}} + c$$
$$= -\tfrac{2}{9}\cdot t^{\frac{3}{2}} + c = -\tfrac{2}{9}\cdot(5 - 3x)^{\frac{3}{2}} + c$$
$$\Rightarrow\quad \int_0^1 \sqrt{5-3x}\,dx = -\tfrac{2}{9}\cdot\left[(5 - 3x)^{\frac{3}{2}}\right]_0^1 = -\tfrac{2}{9}\cdot(5 - 3)^{\frac{3}{2}} - 5^{\frac{3}{2}}$$
$$= -\tfrac{2}{9}\cdot\left(2^{\frac{3}{2}} - 5^{\frac{3}{2}}\right) = \ldots$$

Analytische Geometrie und Lineare Algebra

Grundlagen

QUICK-FINDER

Vektordefinition

PARALLELGLEICHE PFEILE Die hier vorgestellte analytische Geometrie müsste genauer „vektorielle analytische Geometrie“ heißen, da „Vektoren“ ihre Grundelemente darstellen. Mit „Vektor“ verbinden sich physikalische, algebraische und geometrische Vorstellungen.

In der Folge stützen wir uns vor allem auf die anschauliche Vorstellung, also auf den Vektor als geometrischen Pfeil, genauer: wir verstehen unter einem Vektor die Gesamtheit aller Pfeile, die in Länge und Richtung, einschließlich der Orientierung übereinstimmen.

Man spricht auch von **parallelgleichen Pfeilen**. Üblicherweise werden Vektoren mit einem Pfeilsymbol überstrichen geschrieben. Jeder einzelne Pfeil des Vektors $\vec{a}$ heißt **Repräsentant** von $\vec{a}$.

NULLVEKTOR UND GEGENVEKTOR

Unter dem **Nullvektor** $\vec{0}$ versteht man einen Vektor der Länge 0. Der Nullvektor hat keine festgelegte Richtung.

Zu jedem Vektor $\vec{a}$ existiert der **Gegenvektor** $-\vec{a}$. Dessen Repräsentanten haben die gleiche Länge wie die Repräsentanten von $\vec{a}$, zeigen aber genau in die Gegenrichtung, sind also genau gegenläufig orientiert.

Vektoren $\vec{a}$ und $-\vec{a}$

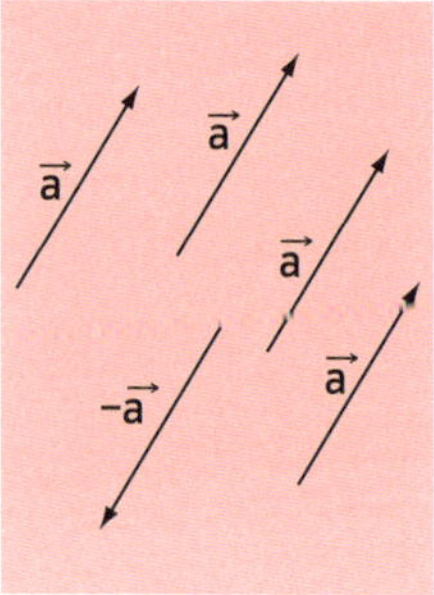

Geometrisch lässt sich jeder Vektor auch als eine Abbildungsvorschrift auffassen, die ein geometrisches Element (Punkt, Strecke, Figur, Vektor, ...) in Richtung von $\vec{a}$ um die Länge von $\vec{a}$ verschiebt.

KOORDINATEN EINES VEKTORS Üblicherweise wird in der Vektorgeometrie von einem Koordinatensystem ausgegangen, vorzugsweise mit senkrecht aufeinander stehenden Achsen. Hierdurch lässt sich ein Vektor beschreiben, indem man angibt, wie groß die Verschiebung in x_1-Richtung und wie groß in x_2-Richtung ist.

Liegt der Fuß des Vektors $\vec{a} = \begin{pmatrix} a_1 \\ a_2 \end{pmatrix}$ bzw. $\vec{a} = \begin{pmatrix} a_1 \\ a_2 \\ a_3 \end{pmatrix}$ im Ursprung $(0|0)$ bzw. $(0|0|0)$, so liegt seine Spitze im Punkt $P(a_1|a_2)$ bzw. $P(a_1|a_2|a_3)$.

Beispiel 1: Vektor in $\mathbb{R}^2$

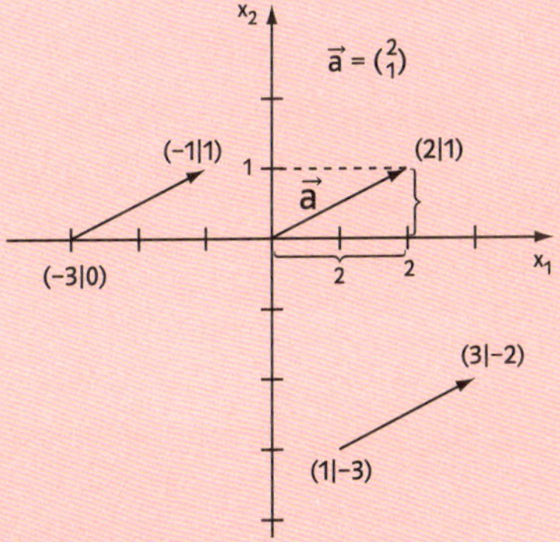

2 heißt die x_1-Koordinate, 1 die x_2-Koordinate von $\vec{a}$

Für den dreidimensionalen Raum unserer Anschauung gilt entsprechend:

Beispiel 2: Vektor im $\mathbb{R}^3$

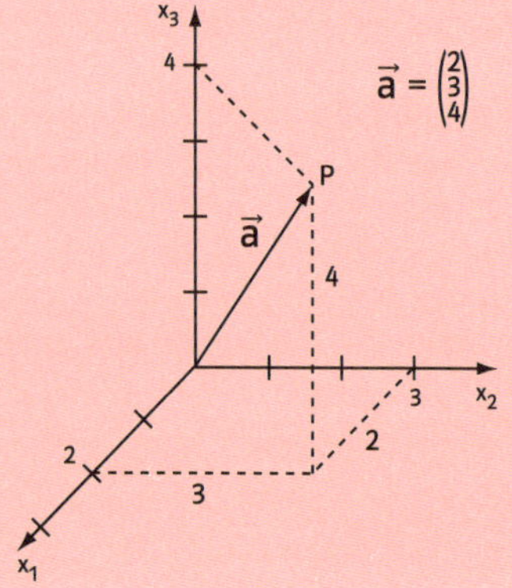

$$\vec{a} = \begin{pmatrix} 2 \\ 3 \\ 4 \end{pmatrix}$$

Vektoraddition

ADDITION UND SUBTRAKTION Innerhalb der Menge der Vektoren (oft abgekürzt mit $\mathbb{V}$) sind die Addition und die Subtraktion wie folgt erklärt:

$$\vec{a} = \begin{pmatrix} a_1 \\ a_2 \\ a_3 \end{pmatrix}, \vec{b} = \begin{pmatrix} b_1 \\ b_2 \\ b_3 \end{pmatrix} \Rightarrow \vec{a} + \vec{b} = \begin{pmatrix} a_1 + b_1 \\ a_2 + b_2 \\ a_3 + b_3 \end{pmatrix}$$

Vektoraddition

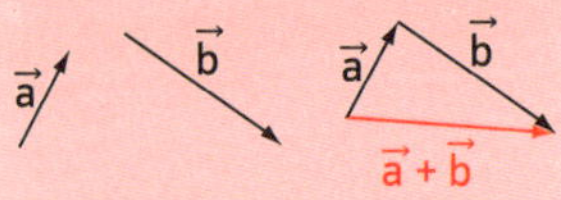

Zeichnerisch ergibt sich der Vektor $\vec{a} + \vec{b}$ daraus, dass man an die Spitze des Vektors $\vec{a}$ (genauer: eines Repräsentanten von $\vec{a}$) den Fuß des Vektors $\vec{b}$ bzw. eines Repräsentanten von $\vec{b}$ legt. Der Ergebnisvektor $\vec{a} + \vec{b}$ reicht dann vom Fuß des Vektors $\vec{a}$ bis zur Spitze des Vektors $\vec{b}$.

Die Subtraktion $\vec{a} - \vec{b}$ wird auf die Addition des Gegenvektors von $\vec{b}$ zu $\vec{a}$ zurückgeführt, also

$$\vec{a} - \vec{b} = \vec{a} + (-\vec{b}).$$

Natürlich lässt sich der Vektor $\vec{a} - \vec{b}$ auch dadurch gewinnen, dass die Vektorspitzen von $\vec{a}$ und $\vec{b}$ aneinander gelegt werden. Der Fuß des Ergebnisvektors $\vec{a} - \vec{b}$ liegt dann im Fuß von $\vec{a}$ und die Spitze im Fuß von $\vec{b}$.

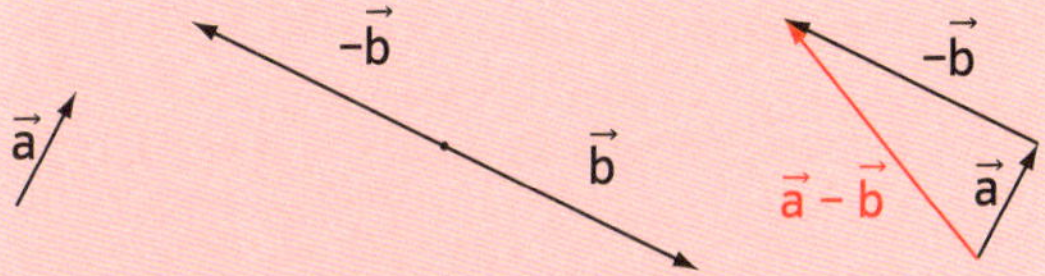

$$\vec{a} - \vec{b} = \begin{pmatrix} a_1 \\ a_2 \\ a_3 \end{pmatrix} - \begin{pmatrix} b_1 \\ b_2 \\ b_3 \end{pmatrix} = \begin{pmatrix} a_1 \\ a_2 \\ a_3 \end{pmatrix} + \begin{pmatrix} -b_1 \\ -b_2 \\ -b_3 \end{pmatrix} = \begin{pmatrix} a_1 - b_1 \\ a_2 - b_2 \\ a_3 - b_3 \end{pmatrix}$$

Die Menge der Vektoren lässt sich auch mit der Menge der reellen Zahlen verknüpfen, in Form der Multiplikation mit einem Skalar:

$\vec{a} + \vec{a} + \vec{a} = 3\vec{a}$, was geometrisch die dreifache Verschiebung von $\vec{a}$ bedeutet.

Beispiel 1: Multiplikation eines Vektors mit einem Skalar

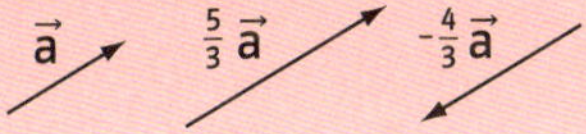

Allgemein: $s \cdot \vec{a} = s\vec{a}$ $(s \in \mathbb{R})$ ist ein Vektor, dessen Repräsentanten die $|s|$-fache Länge der Repräsentanten von $\vec{a}$ haben, für $s > 0$ sind $s\vec{a}$ und $\vec{a}$ gleichsinnig orientiert, für $s < 0$ gegensinnig.

Außerdem gilt: $s\vec{a} = s\begin{pmatrix} a_1 \\ a_2 \\ a_3 \end{pmatrix} = \begin{pmatrix} s\,a_1 \\ s\,a_2 \\ s\,a_3 \end{pmatrix}$

LINEARKOMBINATION UND NULLSUMME Lässt sich der Vektor $\vec{v}$ durch eine allgemeine Summe aus den Vektoren $\vec{a}_1, \vec{a}_2, \vec{a}_3, \ldots, \vec{a}_n$ darstellen, gilt also:

$$\vec{v} = s_1\vec{a}_1 + s_2\vec{a}_2 + s_3\vec{a}_3 + \ldots + s_n\vec{a}_n$$

für eine bestimmte Kombination aller $s_i \in \mathbb{R}$, dann nennt man $\vec{v}$ eine **Linearkombination** der Vektoren $\vec{a}_1, \vec{a}_2, \vec{a}_3, \ldots, \vec{a}_n$.

Ist $\vec{v} = \vec{0}$, so bilden die Vektoren $s_i\vec{a}_i$ eine **„Nullsumme“**.

Lineare Abhängigkeit

LINEAR ABHÄNGIG Gilt für die Vektoren $\vec{a}_1, \vec{a}_2, \ldots, \vec{a}_n$:

$$\vec{0} = s_1\vec{a}_1 + s_2\vec{a}_2 + \ldots + s_n\vec{a}_n,$$

ohne dass sämtliche s_i verschwinden, dann heißen die Vektoren $\vec{a}_i$ (voneinander) **linear abhängig**. Man spricht dann von einer echten Nullsumme.

Gilt z.B. $s_1\vec{a}_1 + s_2\vec{a}_2 = \vec{0}$ und sind beide s-Faktoren nicht zugleich Null, dann lässt sich die Gleichung umformen zu:

$$\vec{a}_1 = -\frac{s_2}{s_1}\vec{a}_2 \quad (s_1 \neq 0)$$

Analog dazu folgt aus: $s_1\vec{a}_1 + s_2\vec{a}_2 + s_3\vec{a}_3 = \vec{0}$

unter den gleichen Voraussetzungen: $\vec{a}_1 = -\frac{s_2}{s_1}\vec{a}_2 - \frac{s_3}{s_1}\vec{a}_3$

Bei linearer Abhängigkeit von Vektoren lässt sich also immer mindestens einer der Vektoren als Linearkombination der restlichen Vektoren darstellen.

TRIVIALE NULLSUMMEN Umgekehrt gilt: Ist eine Linearkombination $s_1\vec{a}_1 + s_2\vec{a}_2 + \dots s_n\vec{a}_n = \vec{0}$ nur möglich für sämtliche $s_i = 0$, dann sind die Vektoren $\vec{a}_1$, $\vec{a}_2$, … $\vec{a}_n$ (voneinander) linear unabhängig. In diesem Fall spricht man auch von einer **trivialen Nullsumme**.

KOLLINEARE VEKTOREN

a) Sind zwei Vektoren $\vec{a}$ und $\vec{b}$ (voneinander) linear abhängig, so bedeutet dies, dass ihre Repräsentanten zueinander **parallel** liegen.
$\vec{a}$ und $\vec{b}$ heißen in diesen Fällen zueinander **kollinear** (sie ließen sich auf eine Linie legen).

$\vec{a} = 2\vec{b}$ $\quad\quad$ $\vec{a} \parallel \vec{b}$ $\quad\quad$ $\vec{a} = -\frac{\vec{b}}{2}$

b) Sind drei Vektoren $\vec{a}$, $\vec{b}$, und $\vec{c}$ (voneinander) linear abhängig, so können mehrere Fälle vorliegen.

1. **Repräsentanten aller drei Vektoren liegen zueinander parallel**
   $\vec{a}$, $\vec{b}$ und $\vec{c}$ sind sogar (zueinander) kollinear.
   $\vec{a} \parallel \vec{b}$; $\vec{a} \parallel \vec{c}$; $\vec{b} \parallel \vec{c}$

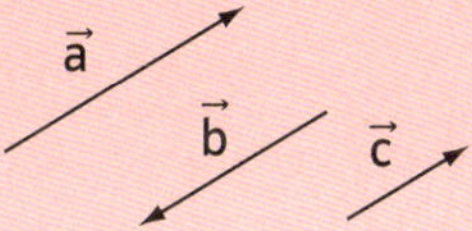

2. Repräsentanten von zwei der drei Vektoren liegen zueinander parallel

Genau ein Paar aus den drei Vektoren wird aus zwei zueinander parallelen Vektoren gebildet.

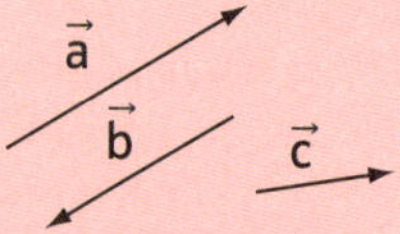

$\vec{a} \parallel \vec{b}$ $\quad \vec{b} \nparallel \vec{c}$

$\vec{a} \nparallel \vec{c}$

3. Von den drei Vektoren ausgehend lässt sich ein geschlossenes Dreieck aufbauen

Im gewohnten $\mathbb{R}^2$ ist dies der Regelfall, wenn nicht 1. oder 2., also mindestens eine Kollinearität, vorliegt.

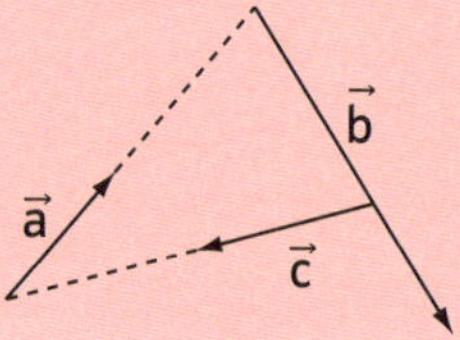

Dies lässt sich auch algebraisch zeigen:

$s_1\binom{a_1}{a_2} + s_2\binom{b_1}{b_2} + s_3\binom{c_1}{c_2} = \vec{0}$

s. auch Zeichnung oben: $s_1\binom{a_1}{a_2} + s_2\binom{b_1}{b_2} = -s_3\binom{c_1}{c_2}$

oder $\binom{c_1}{c_2} = -\frac{s_1}{s_3}\binom{a_1}{a_2} - \frac{s_2}{s_3}\binom{b_1}{b_2}$

bzw. (*) $\vec{c} = \lambda\vec{a} + \mu\vec{b}$ $\left(\text{mit } \lambda = -\frac{s_1}{s_3} \text{ und } \mu = -\frac{s_2}{s_3}\right)$

Mit $s_3 \neq 0$ ist (*) im $\mathbb{R}^2$ eindeutig lösbar, es liegen zwei Gleichungen vor mit den Unbekannten λ und μ.
Man sagt: Zwei nicht-kollineare Vektoren, z. B. $\vec{a}$ und $\vec{b}$ spannen eine Ebene E auf. Jeder weitere Vektor, z. B. $\vec{c}$, dieser Ebene E kann als eine Linearkombination von $\vec{a}$ und $\vec{b}$ dargestellt werden. Insbesondere gilt das Gesagte für die x_1x_2-Koordinatenebene.

Basis im $\mathbb{R}^2$

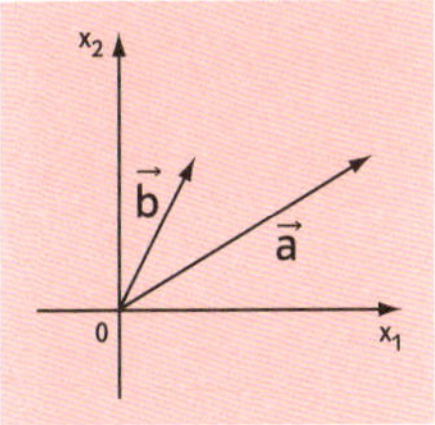

Jeder Vektor $\vec{c}$ in der x_1x_2-Ebene lässt sich mittels $\vec{a}$ und $\vec{b}$ in der Form $\vec{c} = \lambda\vec{a} + \mu\vec{b}$ ($\lambda, \mu \in \mathbb{R}$) ausdrücken. Man sagt dann: $\vec{a}$ und $\vec{b}$ bilden eine Basis B des (zweidimensionalen) Vektorraums $\mathbb{V}$ ($\triangleq$ Menge der Vektoren, in der bestimmte Rechenvorschriften gelten).

Jedes andere Paar nicht-kollinearer Vektoren aus $\mathbb{V}$ bildet ebenfalls eine Basis $\mathbb{B}$ von $\mathbb{V}$. Gewöhnlich dienen $\vec{e}_1$ und $\vec{e}_2$ als Basis:

$\mathbb{B} = \{\vec{e}_1;\ \vec{e}_2\}$ mit $\vec{e}_1 = \binom{1}{0}$ und $\vec{e}_2 = \binom{0}{1}$

ORTHONORMALBASIS

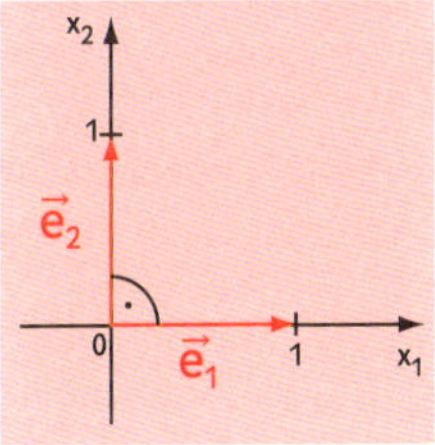

$\vec{e}_1$ und $\vec{e}_2$ haben den Betrag 1, stehen im kartesischen Koordinatensystem aufeinander senkrecht und sind längs der Koordinatenachsen orientiert. Ein Vektor gibt somit die Richtung einer Geraden vor, zwei (voneinander) linear unabhängige Vektoren legen eine Ebene fest. Ein dritter Vektor liegt entweder in der von den ersten beiden Vektoren festgelegten Ebene oder er tut es nicht.

KOMPLANARE VEKTOREN Liegt der dritte Vektor in der Ebene, so sind die drei Vektoren (voneinander) linear abhängig, sie heißen dann (zueinander) **komplanar**.

3 komplanare Vektoren

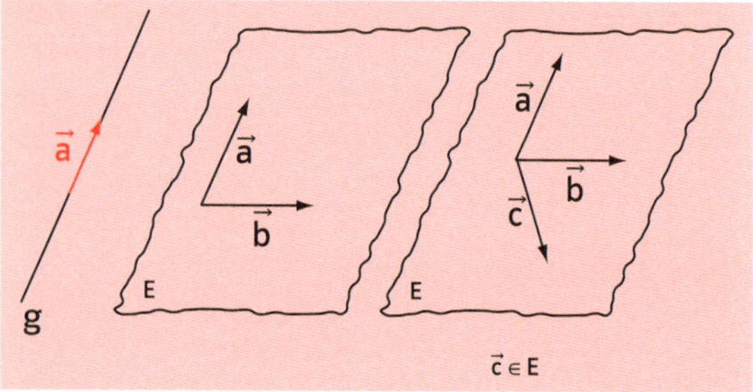

Liegt $\vec{c}$ ($\vec{c} \neq \vec{0}$) nicht in E, so sind $\vec{a}$, $\vec{b}$ und $\vec{c}$ (voneinander) linear unabhängig. Man sagt: $\vec{a}$, $\vec{b}$ und $\vec{c}$ spannen einen (dreidimensionalen) Vektorraum $\mathbb{V}$ auf.

$\vec{c} \notin E$

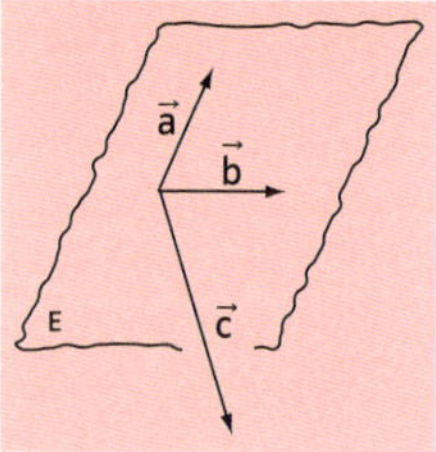

In diesem Fall kann
$\vec{c} = \lambda\vec{a} + \mu\vec{b}$
nicht mehr gelten, sondern für alle λ, μ-Kombinationen gilt
$\vec{c} \neq \lambda\vec{a} + \mu\vec{b}$.

Jeder weitere Vektor $\vec{d}$ dieses Vektorraums $\mathbb{V}$ kann jedoch als Linearkombination der Vektoren $\vec{a}$, $\vec{b}$ und $\vec{c}$ dargestellt werden.

$\vec{d} = \lambda\vec{a} + \mu\vec{b} + \nu\vec{c}$

$\vec{d} = \lambda\vec{a}, + \mu\vec{b} + \nu\vec{c}$

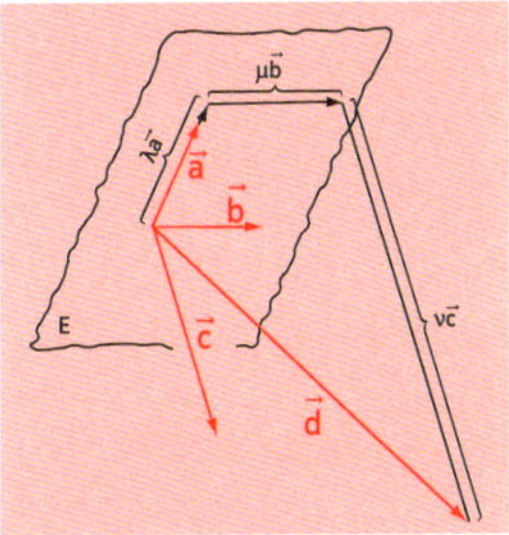

4 Vektoren des dreidimensionalen $\mathbb{V}$ sind demnach immer (voneinander) linear abhängig.

Für den Raum unserer Anschauung verwendet man üblicherweise die **Basis** $\mathbb{B} = \{\vec{e}_1, \vec{e}_2, \vec{e}_3\}$ mit

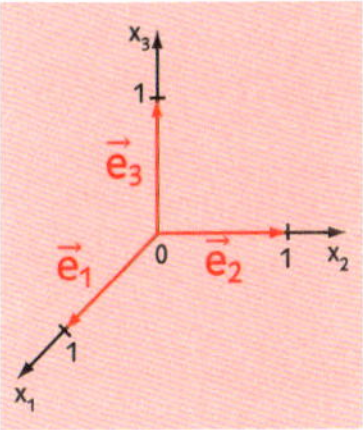

$$\vec{e}_1 = \begin{pmatrix}1\\0\\0\end{pmatrix};\ \vec{e}_2 = \begin{pmatrix}0\\1\\0\end{pmatrix};\ \vec{e}_3 = \begin{pmatrix}0\\0\\1\end{pmatrix}.$$

Doch jede andere Zusammenstellung dreier (voneinander) linear unabhängiger Vektoren bildet ebenfalls eine Basis $\mathbb{B}$ dieses (dreidimensionalen) Vektorraums $\mathbb{V}$.

Determinanten

Determinanten erleichtern oft die Bestimmung der linearen Unabhängigkeit von Vektoren.

ZWEIREIHIGE DETERMINANTEN

$\det(\vec{a}; \vec{b}) = \begin{vmatrix} a_1 & b_1 \\ a_2 & b_2 \end{vmatrix} = a_1 \cdot b_2 - a_2 b_1;$

z.B.: $\begin{vmatrix} 2 & 1 \\ -1 & 3 \end{vmatrix} = 2 \cdot 3 - (-1) \cdot 1 = 7$

DREIREIHIGE DETERMINANTEN

$$\det(\vec{a};\ \vec{b};\ \vec{c}) = \begin{pmatrix} a_1 & b_1 & c_1 \\ a_2 & b_2 & c_2 \\ a_3 & b_3 & c_3 \end{pmatrix}$$

$$= a_1 b_2 c_3 + b_1 c_2 a_3 + c_1 a_2 b_3 - a_3 b_2 c_1 - b_3 c_2 a_1 - c_3 a_2 b_1$$

Zur Erleichterung benutzt man häufig das Schema:

REGEL VON SARRUS

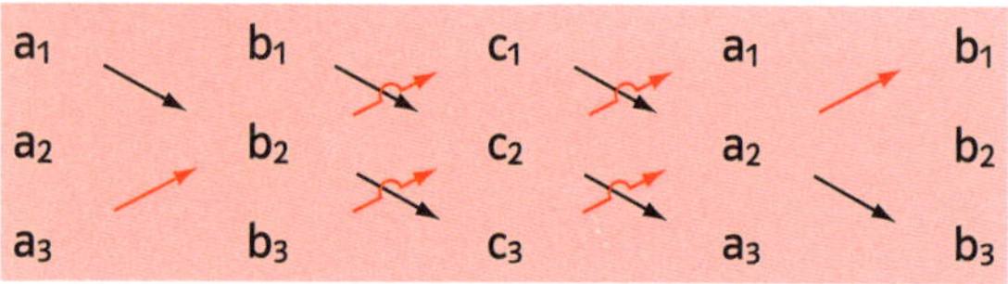

z.B.: $\left|\begin{array}{rrr} 1 & 3 & 1 \\ -3 & 1 & -1 \\ 6 & 4 & 2 \end{array}\right| \begin{array}{rr} 1 & 3 \\ -3 & 1 \\ 6 & 4 \end{array}$

$$= 1 \cdot 1 \cdot 2 + 3 \cdot (-1) \cdot 6 + 1 \cdot (-3) \cdot 4 - 6 \cdot 1 \cdot 1 - 4 \cdot (-1) \cdot 1 - 2 \cdot (-3) \cdot 3$$

$$= 2 - 18 - 12 - 6 + 4 + 18 = -12$$

Haben Determinanten den Wert Null, so sind die sie aufbauenden Vektoren (voneinander) linear abhängig, andernfalls sind sie linear unabhängig.

Komponenten und Koordinaten

Ein Vektor $\vec{a} = \binom{a_1}{a_2}$ kann angesehen werden als eine Zusammenstellung von zwei (besonderen) Vektoren:

$$\vec{a} = \begin{pmatrix} a_1 \\ 0 \end{pmatrix} + \begin{pmatrix} 0 \\ a_2 \end{pmatrix} = \underbrace{a_1}_{\text{1. Koordinate}} \begin{pmatrix} 1 \\ 0 \end{pmatrix} + \underbrace{a_2}_{\text{2. Koordinate}} \begin{pmatrix} 0 \\ 1 \end{pmatrix} = \underbrace{a_1 \cdot \vec{e}_1}_{\text{1. Komponente}} + \underbrace{a_2 \cdot \vec{e}_2}_{\text{2. Komponente}}$$

Das Produkt aus a_1 und $\vec{e}_1$ bildet die erste Komponente des Vektors $\vec{a}$. Entsprechend gilt $a_2 \vec{e}_2$ als die zweite Komponente von $\vec{a}$. Die alleinige Angabe von Koordinaten für einen Vektor ist demnach nur statthaft, wenn über die Basis, meist $\{\vec{e}_1; \vec{e}_2\}$, Einverständnis besteht. Für den dreidimensionalen Raum gilt entsprechend:

4

$$\vec{a} = \begin{pmatrix} a_1 \\ a_2 \\ a_3 \end{pmatrix} = a_1 \vec{e}_1 + a_2 \vec{e}_2 + a_3 \vec{e}_3$$

mit den Vektoren $\vec{e}_1$; $\vec{e}_2$; $\vec{e}_3$ als Basisvektoren; a_1, a_2, a_3 als Koordinaten und den Komponenten $a_1 \vec{e}_1$, $a_2 \vec{e}_2$, $a_3 \vec{e}_3$.

Ortsvektoren und Vektorketten

Repräsentanten von Vektoren, deren Fußpunkte im Ursprung des Koordinatensystems liegen, heißen **Ortsvektoren**.

$\vec{a} = \begin{pmatrix} 1 \\ 2 \\ -1 \end{pmatrix}$; liegt der Fußpunkt von $\vec{a}$ in $O(0|0|0)$, so liegt seine Spitze im Punkt $A(1|2|-1)$, also gilt $\vec{a} = \overrightarrow{OA}$.

Mit Hilfe von Ortsvektoren lassen sich leicht Vektoren ermitteln, die zwei verschiedene Punkte, z. B. $A(1|2|-1)$ und $B(3|0|1)$ miteinander verbinden.

Beispiel 1: Vektor aus Ortsvektoren

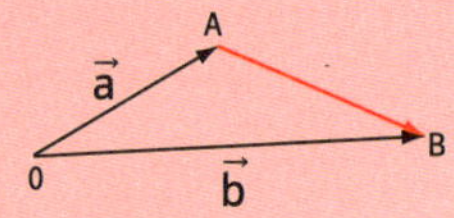

Da gilt: $\overrightarrow{OA} + \overrightarrow{AB} = \overrightarrow{OB}$ folgt $\overrightarrow{AB} = \overrightarrow{OB} - \overrightarrow{OA}$

und damit: $\overrightarrow{AB} = \begin{pmatrix} 3 \\ 0 \\ 1 \end{pmatrix} - \begin{pmatrix} 1 \\ 2 \\ -1 \end{pmatrix} = \begin{pmatrix} 3 - 1 \\ 0 - 2 \\ 1 - (-1) \end{pmatrix} = \begin{pmatrix} 2 \\ -2 \\ 2 \end{pmatrix}$

Kurzschreibweise: $\overrightarrow{\mathbf{AB}} = \vec{\mathbf{b}} - \vec{\mathbf{a}}$

Übungsbeispiel: Bestimmen Sie aus
A(3|2|−1); B(−1|2|0); C(2|4|−3); D(0|3|2)
die Vektoren $\overrightarrow{AB}$; $\overrightarrow{AC}$; $\overrightarrow{AD}$; $\overrightarrow{BC}$; $\overrightarrow{BD}$; $\overrightarrow{CD}$; $\overrightarrow{BA}$; $\overrightarrow{CB}$ und $\overrightarrow{DA}$.

Aus obiger Zeichnung folgt auch:
$\overrightarrow{OB} + \overrightarrow{BA} = \overrightarrow{OA}$, also $\overrightarrow{BA} = \overrightarrow{OA} - \overrightarrow{OB} = -(\overrightarrow{OB} - \overrightarrow{OA}) = -\overrightarrow{AB}$
damit generell: $\overrightarrow{\mathbf{AB}} = -\overrightarrow{\mathbf{BA}}$

Geschlossene Polygonzüge von Vektoren heißen **Vektorketten**.

Beispiel 2: Vektorkette

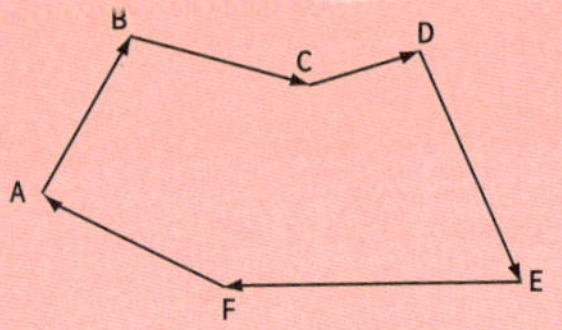

$\overrightarrow{AB} + \overrightarrow{BC} + \overrightarrow{CD} + \overrightarrow{DE} + \overrightarrow{EF} + \overrightarrow{FA} = \vec{0}$

Auch Vektorketten dienen zur Ermittlung der Vektorkoordinaten. Beispiel: Würfel ABCDEFGH

Würfel

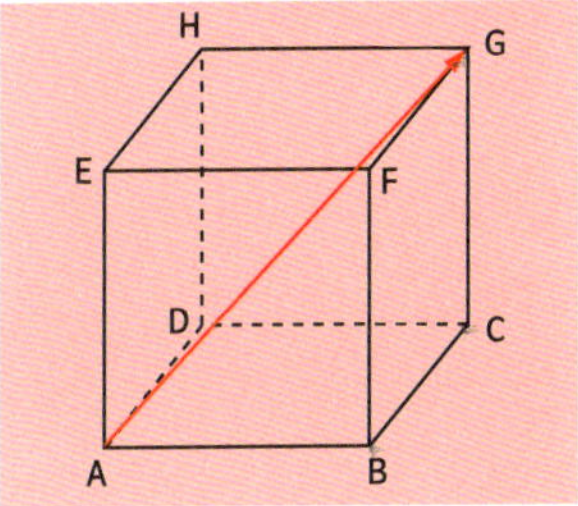

A(3|0|0); B(3|3|0); E(3|0|3); C(0|3|0) seien gegeben.

$\overrightarrow{AG}$ sei zu bestimmen.

$$\overrightarrow{AG} + \overrightarrow{GC} + \overrightarrow{CB} + \overrightarrow{BA} = \vec{0}$$

$$\Rightarrow \quad \overrightarrow{AG} = -\overrightarrow{GC} - \overrightarrow{CB} - \overrightarrow{BA} = \overrightarrow{CG} + \overrightarrow{BC} + \overrightarrow{AB}$$

da $\overrightarrow{CG} = \overrightarrow{AE}$: $\overrightarrow{AG} = \overrightarrow{AE} + \overrightarrow{BC} + \overrightarrow{AB}$

$$\overrightarrow{AG} = \begin{pmatrix} 0 \\ 0 \\ 3 \end{pmatrix} + \begin{pmatrix} -3 \\ 0 \\ 0 \end{pmatrix} + \begin{pmatrix} 0 \\ 3 \\ 0 \end{pmatrix} = \begin{pmatrix} -3 \\ 3 \\ 3 \end{pmatrix}$$

Natürlich lassen sich auch zunächst die Koordinaten von G ermitteln, hier G(0|3|3) und dann $\overrightarrow{AG}$ direkt bilden.

$$\overrightarrow{AG} = \overrightarrow{OG} - \overrightarrow{OA} = \begin{pmatrix} 0 \\ 3 \\ 3 \end{pmatrix} - \begin{pmatrix} 3 \\ 0 \\ 0 \end{pmatrix} = \begin{pmatrix} -3 \\ 3 \\ 3 \end{pmatrix}$$

Mittelpunkte und Teilungspunkte

MITTELPUNKT EINER STRECKE Der Mittelpunkt einer Strecke [AB] sei M:

Streckenmittelpunkt

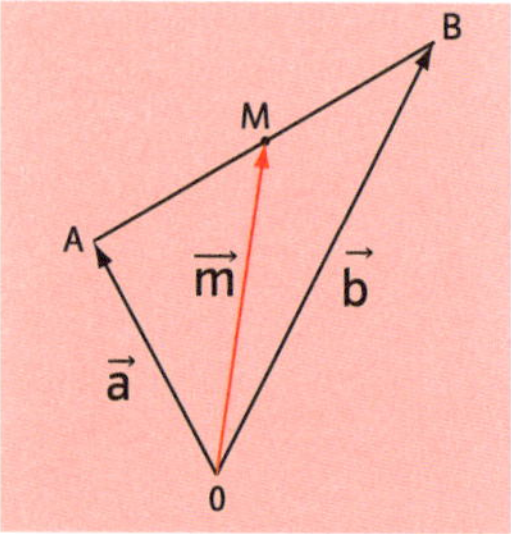

$$\overrightarrow{OM} = \overrightarrow{OA} + \tfrac{1}{2}\overrightarrow{AB}$$
$$\overrightarrow{OM} = \overrightarrow{OA} + \tfrac{1}{2}(\overrightarrow{OB} - \overrightarrow{OA})$$
$$\overrightarrow{OM} = \overrightarrow{OA} + \tfrac{1}{2}\overrightarrow{OB} - \tfrac{1}{2}\overrightarrow{OA}$$
$$\overrightarrow{OM} = \tfrac{1}{2}\overrightarrow{OA} + \tfrac{1}{2}\overrightarrow{OB}$$

$$\overrightarrow{OM} = \tfrac{1}{2}(\overrightarrow{OA} + \overrightarrow{OB})$$
oder: $\vec{m} = \tfrac{1}{2}(\vec{a} + \vec{b})$

TEILUNGSPUNKT EINER STRECKE Auf der durch A und B gegebenen Geraden kann jeder beliebige Punkt T als Teilungspunkt der Strecke [AB] gelten. Liegt T innerhalb von [AB], so spricht man von einer inneren Teilung, liegt er außerhalb von einer äußeren Teilung.

Teilungspunkte von [AB]

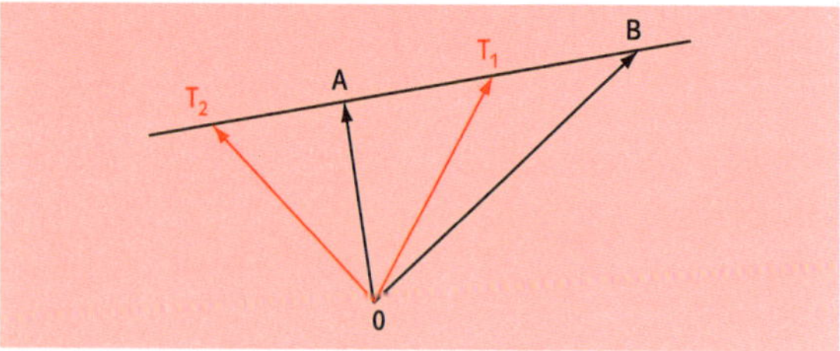

Das Teilverhältnis σ ist definiert durch die vektorielle Beziehung: $\overrightarrow{AT} = \sigma\,\overrightarrow{TB}$. Liegt T innerhalb von [AB], so ist σ positiv; liegt T außerhalb, so wird σ negativ, wegen der gegensätzlichen Orientierung der Vektoren $\overrightarrow{AT}$ und $\overrightarrow{TB}$.

INNERE TEILUNG EINER STRECKE

Es gelte $\sigma = \frac{2}{3}$, also $\overrightarrow{AT} = \frac{2}{3}\overrightarrow{TB}$.

Da auch gilt: $\overline{AT} = \frac{2}{3}\overline{TB}$, folgt $\overline{AB} = \frac{5}{3}\overline{TB}$ bzw. $\overline{TB} = \frac{3}{5}\overline{AB}$

und $\overline{AT} = \frac{2}{5}\overline{AB}$, also auch $\overrightarrow{AT} = \frac{2}{5}\overrightarrow{AB}$.

Mit $A(1|2|-1)$; $B(3|0|1)$ und $\sigma = \frac{2}{3}$ ergibt sich also:

$\overrightarrow{AT} = \frac{2}{5}\begin{pmatrix} 2 \\ -2 \\ 2 \end{pmatrix}$ und aus $\overrightarrow{OT} = \overrightarrow{OA} + \overrightarrow{AT}$ folgt

$$\overrightarrow{OT} = \begin{pmatrix} 1 \\ 2 \\ -1 \end{pmatrix} + \frac{2}{5}\begin{pmatrix} 2 \\ -2 \\ 2 \end{pmatrix} = \begin{pmatrix} 1{,}8 \\ 1{,}2 \\ -0{,}2 \end{pmatrix} \quad \Rightarrow \quad T(1{,}8|1{,}2|-0{,}2)$$

ÄUSSERE TEILUNG EINER STRECKE

Äußere Teilung 1

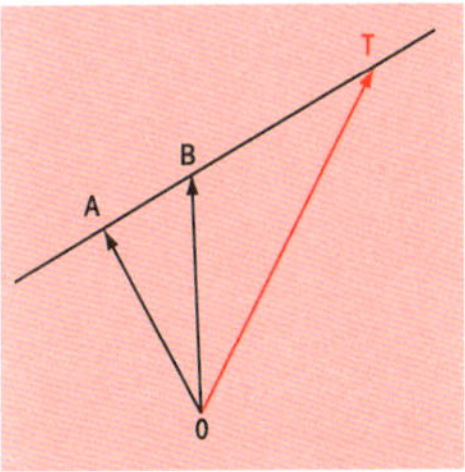

Für σ gelte jetzt:

$\sigma = -\frac{3}{2}$

$\Rightarrow \overrightarrow{AT} = -\frac{3}{2}\overrightarrow{TB}$

$\Rightarrow \overrightarrow{AB} = \frac{1}{2}\overrightarrow{BT} \Rightarrow \overrightarrow{BT} = 2\overrightarrow{AB}$

$\overrightarrow{OT} = \overrightarrow{OB} + \overrightarrow{BT} = \overrightarrow{OB} + 2\overrightarrow{AB}$

$$\overrightarrow{OT} = \begin{pmatrix} 3 \\ 0 \\ 1 \end{pmatrix} + 2\begin{pmatrix} 2 \\ -2 \\ 2 \end{pmatrix} = \begin{pmatrix} 7 \\ -4 \\ 5 \end{pmatrix}$$

$\Rightarrow T(7|-4|5)$

Äußere Teilung 2

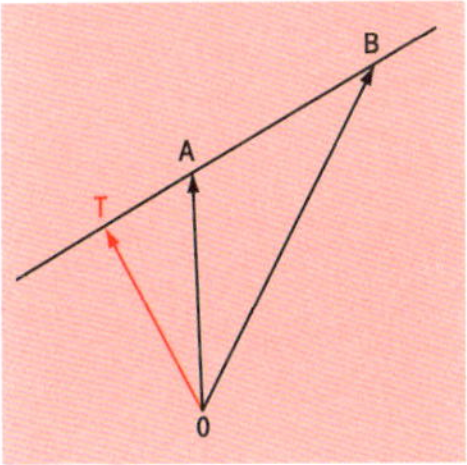

Für σ gelte: $\sigma = -\frac{1}{4}$

$\Rightarrow \overrightarrow{AT} = -\frac{1}{4}\overrightarrow{TB}$

$\Rightarrow \overrightarrow{AB} = \frac{3}{4}\overrightarrow{TB}$

$\Rightarrow \overrightarrow{BT} = -\frac{4}{3}\overrightarrow{AB}$

$\overrightarrow{OT} = \overrightarrow{OB} + \overrightarrow{BT} = \overrightarrow{OB} - \frac{4}{3}\overrightarrow{AB}$

$$\overrightarrow{OT} = \begin{pmatrix} 3 \\ 0 \\ 1 \end{pmatrix} - \frac{4}{3}\begin{pmatrix} 2 \\ -2 \\ 2 \end{pmatrix} = \frac{1}{3}\begin{pmatrix} 1 \\ 8 \\ -5 \end{pmatrix} \Rightarrow T\left(\frac{1}{3}\middle|\frac{8}{3}\middle|-\frac{5}{3}\right)$$

Schwerpunkt im Dreieck

Die Schwerlinien (Seitenhalbierenden) teilen sich im **Schwerpunkt** eines Dreiecks gegenseitig im Verhältnis 2:1. Im Dreieck ABC mit A(1|2|−1); B(3|0|1) und C(−1|7|3) sei der Schwerpunkt S zu bestimmen.

Schwerpunkt

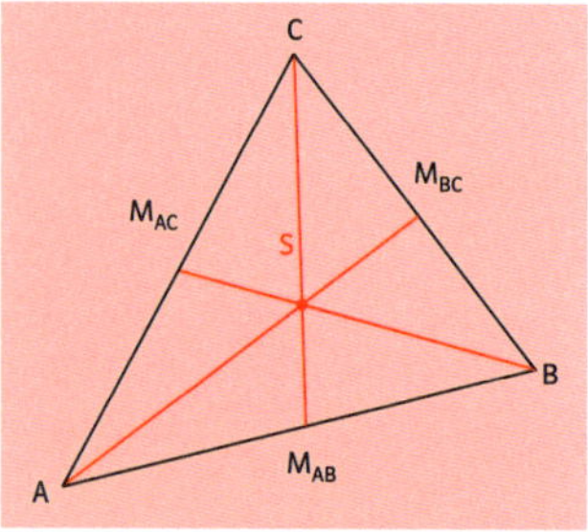

nach der Darstellung auf Seite 147 gilt: $M_{AB}(2|1|0)$ und $\overrightarrow{CS} = \frac{2}{3}\overrightarrow{CM_{AB}}$ wegen der Schwerlinieneigenschaft.

$$\overrightarrow{OS} = \overrightarrow{OC} + \overrightarrow{CS} = \overrightarrow{OC} + \frac{2}{3}\overrightarrow{CM_{AB}}$$

$$\overrightarrow{OS} = \begin{pmatrix} -1 \\ 7 \\ 3 \end{pmatrix} + \frac{2}{3}\begin{pmatrix} 3 \\ -6 \\ -3 \end{pmatrix} = \begin{pmatrix} 1 \\ 3 \\ 1 \end{pmatrix} \quad \Rightarrow \quad S(1|3|1)$$

Probe: $\overrightarrow{AS} = \frac{2}{3}\overrightarrow{AM_{BC}} \qquad M_{BC}\left(1\left|\frac{7}{2}\right|2\right)$

$$\overrightarrow{OS} = \overrightarrow{OA} + \overrightarrow{AS} = \begin{pmatrix} 1 \\ 2 \\ -1 \end{pmatrix} + \frac{2}{3}\begin{pmatrix} 0 \\ \frac{3}{2} \\ 3 \end{pmatrix} = \begin{pmatrix} 1 \\ 2 \\ -1 \end{pmatrix} + \begin{pmatrix} 0 \\ 1 \\ 2 \end{pmatrix} \quad \Rightarrow \quad S(1|3|1)$$

Betrag eines Vektors, Einheitsvektor

BETRAG EINES VEKTORS IN $\mathbb{R}^2$ Unter dem **Betrag** eines Vektors versteht man die Länge der Strecke vom Fußpunkt zur Spitze der Repräsentanten des Vektors. Überlegung anhand eines Ortsvektors:

Betrag in $\mathbb{R}^2$

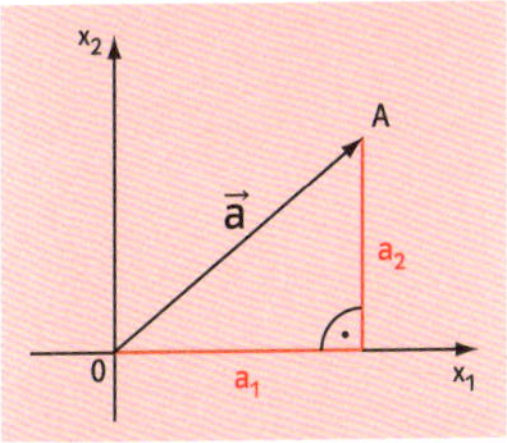

$\overline{OA}^2 = a_1^2 + a_2^2$
(nach Pythagoras)

damit $|\vec{a}| = \overline{OA} = \sqrt{a_1^2 + a_2^2}$

4

BETRAG EINES VEKTORS IN $\mathbb{R}^3$ Für den $\mathbb{R}^3$ ergibt sich mit A' als Bild von A in der x_1x_2-Ebene bei senkrechter Projektion:

$\overline{OA'} = \sqrt{a_1^2 + a_2^2}$ Das ΔOA'A ist bei A' rechtwinklig, deshalb:

Betrag in $\mathbb{R}^3$

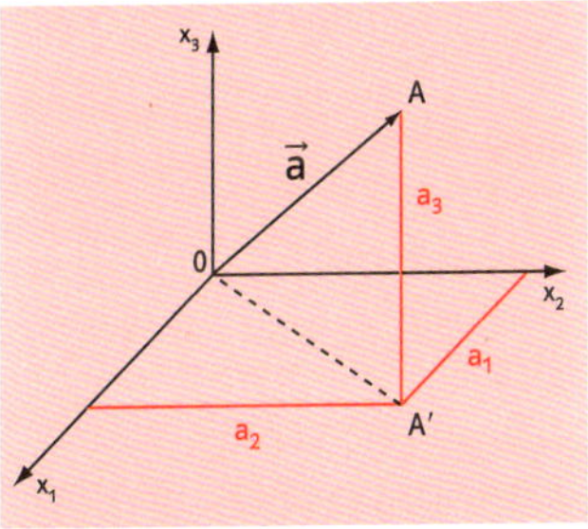

$\overline{OA}^2 = \overline{OA'}^2 + \overline{A'A}^2$

$\Rightarrow \overline{OA}^2 = a_1^2 + a_2^2 + a_3^2$

$\Rightarrow |\vec{a}| = \overline{OA}$

$= \sqrt{a_1^2 + a_2^2 + a_3^2}$

EINHEITSVEKTOR Multipliziert man einen Vektor $\vec{a}$ mit dem Reziprokwert seines Betrags ($|\vec{a}|$), so erhält man einen Vektor der Länge 1 in Richtung von $\vec{a}$, Kurzbezeichnung: $\vec{a}°$. $\vec{a}°$ heißt Einheitsvektor von $\vec{a}$.

$\frac{1}{|\vec{a}|} \cdot \vec{a} = \vec{a}^\circ$, damit $|\vec{a}^\circ| = 1$

Beispiel: $\vec{a} = \begin{pmatrix} 2 \\ -1 \\ 2 \end{pmatrix}$

$\Rightarrow |\vec{a}| = \sqrt{2^2 + (-1)^2 + 2^2} = \sqrt{9} = 3$

$\Rightarrow \vec{a}^\circ = \frac{1}{3}\begin{pmatrix} 2 \\ -1 \\ 2 \end{pmatrix} = \begin{pmatrix} \frac{2}{3} \\ -\frac{1}{3} \\ \frac{2}{3} \end{pmatrix}$

Vektorielles Beweisen

Gestützt auf die Eigenschaften linear unabhängiger Vektoren lassen sich auch komplizierte Aussagen zu Schnittproblemen der ebenen und räumlichen Geometrie auf einfache Art und Weise nachweisen. Die wesentlichen Schritte des vektoriellen Beweisens sollen im Folgenden anhand von Beispielen dargestellt werden.

BEWEISGANG

a) Man sucht einen Zusammenhang zwischen den „beweisträchtigen" Stücken.

b) Aus dem in a) gefundenen Zusammenhang wird eine Linearkombination von linear unabhängigen Grundvektoren gewonnen unter Einführung von Parametern.

c) Wegen der linearen Unabhängigkeit kann die in b) gewonnene Gleichung nur die triviale Lösung (Koeffizienten = Null) kennen.

d) Die Nullsetzung der Koeffizienten der Grundvektoren legt die Werte für die in b) eingeführten Parameter fest.

e) Die in d) gewonnenen Parameterwerte werden im Sinne der Aufgabenstellung interpretiert und damit die Behauptung bewiesen.

BEWEIS: IN EINEM PARALLELOGRAMM HALBIEREN SICH DIE DIAGONALEN GEGENSEITIG

Beweisfigur 1

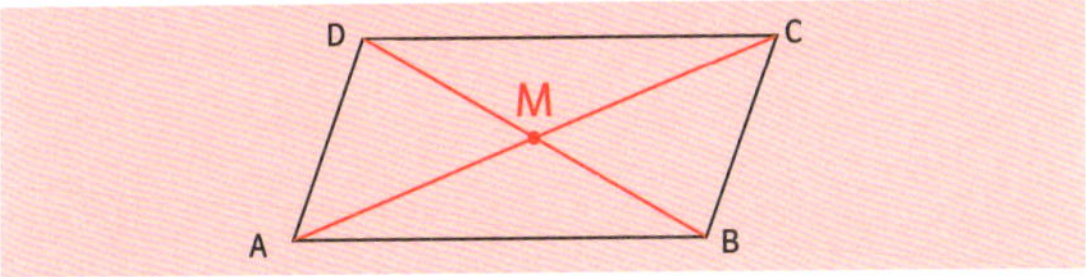

Voraussetzungen: $\square$ABCD ist ein Parallelogramm
$\Rightarrow\ \overline{AB} = \overline{DC};\ AB \parallel DC;\ \overline{AD} = \overline{BC};\ AD \parallel BC$
M sei Schnittpunkt der Diagonalen AC und BD

Behauptung: $\overline{AM} = \overline{MC}$ und $\overline{BM} = \overline{MD}$

Übersetzung in die Vektorgeometrie:

$$\left.\begin{matrix}\overline{AB} = \overline{DC}\\ AB \parallel DC\end{matrix}\right\} \Rightarrow \overrightarrow{AB} = \overrightarrow{DC} \text{ und } \left.\begin{matrix}\overline{AD} = \overline{BC}\\ AD \parallel BC\end{matrix}\right\} \Rightarrow \overrightarrow{AD} = \overrightarrow{BC}$$

Ein Parallelogramm entsteht, wenn die Vektoren $\overrightarrow{AB}$ und $\overrightarrow{BC}$ nicht kollinear, also linear unabhängig sind.

zu a) Im Dreieck ABM kommen jeweils Diagonalenstücke vor. ABM lässt sich als ein geschlossener Vektorzug ansehen: (*) $\overrightarrow{AB} = \overrightarrow{AM} + \overrightarrow{MB}$

zu b) $\overrightarrow{AM}$ und $\overrightarrow{MB}$ sind jeweils Teile der Diagonalvektoren $\overrightarrow{AC}$ und $\overrightarrow{DB}$: $\overrightarrow{AM} = \sigma\overrightarrow{AC}$ und $\overrightarrow{MB} = \tau\overrightarrow{DB}$
σ und τ sind (noch) unbekannte Parameterwerte.
Für die Diagonalvektoren gilt:
$\overrightarrow{AC} = \overrightarrow{AB} + \overrightarrow{BC}$ und $\overrightarrow{DB} = \overrightarrow{DA} + \overrightarrow{AB}$

Für $\overrightarrow{DA}$ wiederum gilt: $\overrightarrow{DA} = -\overrightarrow{AD} = -\overrightarrow{BC}$

(*) lässt sich damit umschreiben zu:

$\overrightarrow{AB} = \sigma\overrightarrow{AC} + \tau\overrightarrow{DB}$ oder

$\overrightarrow{AB} = \sigma(\overrightarrow{AB} + \overrightarrow{BC}) + \tau(-\overrightarrow{BC} + \overrightarrow{AB})$

Hier kommen jetzt nur noch die linear unabhängigen Grundvektoren $\overrightarrow{AB}$ und $\overrightarrow{BC}$ vor.

zu c) Die zuletzt in b) gefundene Gleichung wird umgeformt: $\overrightarrow{AB} = \sigma\overrightarrow{AB} + \sigma\overrightarrow{BC} - \tau\overrightarrow{BC} + \tau\overrightarrow{AB}$

bzw. $\overrightarrow{AB}(1 - \sigma - \tau) = \overrightarrow{BC}(\sigma - \tau)$

Diese Gleichung kann nur unter den beiden folgenden Bedingungen richtig sein (wegen der linearen Unabhängigkeit von $\overrightarrow{AB}$ und $\overrightarrow{BC}$):

(1) $1 - \sigma - \tau = 0$ **(2)** $\sigma - \tau = 0$

zu d) Lösung der Gleichungen **(1)** und **(2)**:

Aus **(2)** $\sigma = \tau$, eingesetzt in **(1)** liefert

(1') $1 - \sigma - \sigma = 0 \Rightarrow \sigma = \frac{1}{2} \Rightarrow \tau = \frac{1}{2}$

zu e) Die Werte $\sigma = \tau = \frac{1}{2}$ bedeuten, dass der Punkt M beide Diagonalen genau in der Mitte teilt, woraus die Behauptung unmittelbar folgt.

BEWEIS: IN EINEM DREIECK SCHNEIDEN SICH DIE SCHWERLINIEN (SEITENHALBIERENDEN) IN EINEM PUNKT

Beweisfigur 2

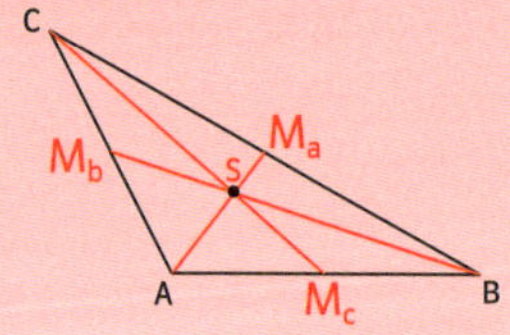

Voraussetzungen: Figur $\triangle ABC$ ist ein Dreieck.
M_a, M_b und M_c sind die jeweiligen Seitenmitten von [BC], [AC] und [AB].

Behauptung: Der Schnittpunkt S von AM_a und BM_b ist identisch mit dem Schnittpunkt von AM_a und CM_c.

Übersetzung in die Vektorgeometrie:

$\overrightarrow{AB} = \overrightarrow{AC} + \overrightarrow{CB}$ (Dreieckseigenschaft)

$\overrightarrow{AM_c} = \frac{1}{2}\overrightarrow{AB}$; $\overrightarrow{AM_b} = \frac{1}{2}\overrightarrow{AC}$; $\overrightarrow{CM_a} = \frac{1}{2}\overrightarrow{CB}$

zu a) Im $\triangle ABS$ gilt: (*) $\overrightarrow{AB} = \overrightarrow{AS} + \overrightarrow{SB}$ (geschlossener Vektorzug)

zu b) $\overrightarrow{AS} = \sigma\overrightarrow{AM_a}$ und $\overrightarrow{SB} = \tau\overrightarrow{M_bB}$

Für $\overrightarrow{AM_a}$ gilt: $\overrightarrow{AM_a} = \overrightarrow{AB} + \frac{1}{2}\overrightarrow{BC} = \frac{1}{2}\overrightarrow{AB} + \frac{1}{2}\overrightarrow{AC}$

Für $\overrightarrow{M_bB}$ gilt: $\overrightarrow{M_bB} = \frac{1}{2}\overrightarrow{CA} + \overrightarrow{AB} = -\frac{1}{2}\overrightarrow{AC} + \overrightarrow{AB}$

Setzt man die gewonnenen Ausdrücke in (*) ein, erhält man:

$\overrightarrow{AB} = \sigma\left[\overrightarrow{AB} - \frac{1}{2}\overrightarrow{AB} + \frac{1}{2}\overrightarrow{AC}\right] + \tau\left[-\frac{1}{2}\overrightarrow{AC} + \overrightarrow{AB}\right]$

bzw. zusammengefasst: $\overrightarrow{AB}\left(1 - \frac{\sigma}{2} - \tau\right) = \overrightarrow{AC}\left(\frac{\sigma}{2} - \frac{\tau}{2}\right)$

zu c) Wegen der linearen Unabhängigkeit der Grundvektoren $\overrightarrow{AB}$ und $\overrightarrow{AC}$ muss gelten:

(1) $1 - \frac{\sigma}{2} - \tau = 0$ und **(2)** $\frac{\sigma}{2} - \frac{\tau}{2} = 0$

zu d) aus (2) folgt: $\sigma = \tau$, eingesetzt in (1)

$$(1') \quad 1 - \frac{\sigma}{2} - \sigma = 0$$

$$1 = \frac{3}{2}\sigma \Rightarrow \sigma = \frac{2}{3} \Rightarrow \tau = \frac{2}{3}$$

zu e) Die Seitenhalbierenden AM_a und BM_b schneiden sich in einem Punkt S, der sie selbst im Verhältnis 2 zu 1 teilt.

Der zweite Teil des Beweises kann analog geführt werden, unter Einbeziehung der Seitenhalbierenden CM_c.

zu a) Im ΔCAS gilt: $(^{**})\ \overrightarrow{CA} = \overrightarrow{CS} + \overrightarrow{SA}$

zu b) $\overrightarrow{CS} = \sigma\overrightarrow{CM_c} = \sigma\left(\overrightarrow{CA} + \frac{1}{2}\overrightarrow{AB}\right)$

$\overrightarrow{SA} = \tau\overrightarrow{M_aA} = \tau\left(\frac{1}{2}\overrightarrow{BC} + \overrightarrow{CA}\right) = \tau\left[\frac{1}{2}\left(\overrightarrow{BA} + \overrightarrow{AC}\right) + \overrightarrow{CA}\right]$

Eingesetzt in $(^{**})$:

$\overrightarrow{CA} = \sigma\left(\overrightarrow{CA} + \frac{1}{2}\overrightarrow{AB}\right) + \tau\left(-\frac{1}{2}\overrightarrow{AB} + \frac{1}{2}\overrightarrow{CA}\right)$ bzw.

$\overrightarrow{CA}\left(1 - \sigma - \frac{\tau}{2}\right) = \overrightarrow{AB}\left(\frac{\sigma}{2} - \frac{\tau}{2}\right)$

Die weiteren Schritte sind analog zu den oben angegebenen und haben das identische Ergebnis: $\sigma = \tau = \frac{2}{3}$. Damit ergibt sich für den Schnittpunkt von AM_a und CM_c der gleiche Punkt wie für den Schnittpunkt von AM_a und BM_b, also schneiden sich alle drei Seitenhalbierenden in einem Punkt. Das jeweilige Längenverhältnis der Teilstrecken ist als Nebenprodukt des Beweises abgefallen, es beträgt in allen Fällen 2 zu 1.

BEWEIS: IN EINEM PARALLELFLACH SCHNEIDEN SICH ZWEI RAUMDIAGONALEN IN EINEM PUNKT

Beweisfigur 3

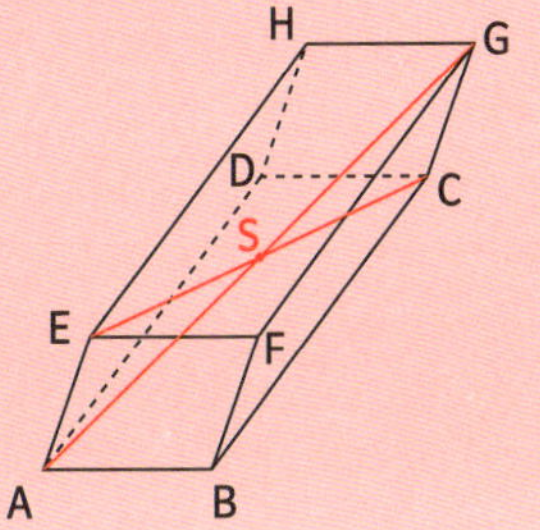

Ein Parallelflach wird aus drei linear unabhängigen Vektoren aufgebaut, jeweils vier Kanten sind zueinander parallel und gleich lang.

Voraussetzungen:

$\overline{AB} = \overline{EF} = \overline{DC} = \overline{HG}$ und $AB \parallel EF \parallel DC \parallel HG$

$\overline{BC} = \overline{FG} = \overline{EH} = \overline{AD}$ und $BC \parallel FG \parallel EH \parallel AD$

$\overline{AE} = \overline{BF} = \overline{CG} = \overline{DH}$ und $AE \parallel BF \parallel CG \parallel DH$

Behauptung: Es existiert ein Punkt S mit $S \in [AG]$ und $S \in [EC]$.

Übersetzung in die Vektorgeometrie:

$\overrightarrow{AB} = \overrightarrow{EF} = \overrightarrow{DC} = \overrightarrow{HG}$; $\overrightarrow{BC} = \overrightarrow{FG} = \overrightarrow{EH} = \overrightarrow{AD}$;

$\overrightarrow{AE} = \overrightarrow{BF} = \overrightarrow{CG} = \overrightarrow{DH}$

$\overrightarrow{AB}$, $\overrightarrow{BC}$ und $\overrightarrow{AE}$ sind linear unabhängig

zu a) Wir betrachten $\triangle ACS$, worin gilt:
(*) $\overrightarrow{AC} = \overrightarrow{AS} + \overrightarrow{SC}$

zu b) $\overrightarrow{AC} = \overrightarrow{AB} + \overrightarrow{BC}$

$\overrightarrow{AS} = \sigma\overrightarrow{AG} = \sigma(\overrightarrow{AC} + \overrightarrow{CG}) = \sigma(\overrightarrow{AB} + \overrightarrow{BC} + \overrightarrow{CG})$
$= \sigma(\overrightarrow{AB} + \overrightarrow{BC} + \overrightarrow{AE})$

$\overrightarrow{SC} = \tau\overrightarrow{EC} = \tau(\overrightarrow{EA} + \overrightarrow{AC}) = \tau(-\overrightarrow{AE} + \overrightarrow{AB} + \overrightarrow{BC})$

(*) lässt sich nun mit den Grundvektoren $\overrightarrow{AB}$, $\overrightarrow{BC}$ und $\overrightarrow{AE}$ wie folgt ausdrücken:

$\overrightarrow{AB} + \overrightarrow{BC} = \sigma(\overrightarrow{AB} + \overrightarrow{BC} + \overrightarrow{AE}) + \tau(-\overrightarrow{AE} + \overrightarrow{AB} + \overrightarrow{BC})$

Geordnet nach den Grundvektoren erhält man:

$\overrightarrow{AB}(1 - \sigma - \tau) + \overrightarrow{BC}(1 - \sigma - \tau) = \overrightarrow{AE}(\sigma - \tau)$

zu c) Wegen der linearen Unabhängigkeit der drei Grundvektoren (sonst ergäbe sich kein Parallelflach) muss gelten:
(1) $1 - \sigma - \tau = 0$ **(2)** $\sigma - \tau = 0$

zu d) Lösung der Gleichungen **(1)** und **(2)**: $\sigma = \tau = \frac{1}{2}$

zu e) Die Werte $\sigma = \tau = \frac{1}{2}$ bedeuten zunächst, dass sich ein Dreieck ACS bilden kann, dass also ein Schnittpunkt S der Diagonalen existiert. Damit ist die Behauptung bereits bewiesen.
Darüber hinaus folgt aus dem Wert für σ und τ, dass sich die beiden Raumdiagonalen im Schnittpunkt gegenseitig halbieren.

Analytische Geometrie und Lineare Algebra

Geraden und Ebenen

QUICK-FINDER

QUICK-FINDER

Geraden und Geradengleichungen

GERADENGLEICHUNG IN VEKTORFORM Eine Gerade g sei durch die Punkte A und B festgelegt: $g = g(A, B)$.

Gerade in $\mathbb{R}^2$ und $\mathbb{R}^3$

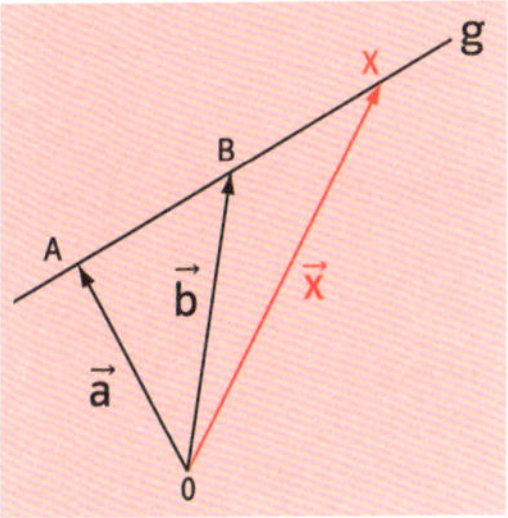

Jeder Punkt X der Geraden g lässt sich durch folgende Vektorgleichung beschreiben: $\overrightarrow{OX} = \overrightarrow{OA} + \lambda\overrightarrow{AB}$ mit einem bestimmten reellen λ-Wert. Für Punkte X, die von A aus gesehen in der gleichen Richtung wie B liegen, ist $\lambda \in \mathbb{R}^+$, für die Gegenrichtung ist λ negativ.

$\lambda = 1$ ergibt den Punkt B. Für $\lambda = 0$ fallen X und A zusammen.

$$g: \overrightarrow{OX} = \overrightarrow{OA} + \lambda\overrightarrow{AB} \quad \text{bzw.} \quad \vec{x} = \vec{a} + \lambda(\vec{b} - \vec{a}), \quad \lambda \in \mathbb{R}$$

Ebenso üblich sind die Darstellungen

$$\vec{X} = \vec{A} + \lambda\overrightarrow{AB} \quad \text{bzw.} \quad \vec{X} = \vec{A} + \lambda(\vec{B} - \vec{A})$$

STÜTZ- UND TRÄGERPUNKT, RICHTUNGSVEKTOR A heißt auch Stütz- oder Trägerpunkt der Geraden g. $\overrightarrow{AB}$ heißt Richtung oder Richtungsvektor von g.

GERADENGLEICHUNG IN PARAMETERFORM Für die Festlegung einer Geraden genügen also die Angaben eines Trägerpunktes und eines Richtungsvektors, oft abgekürzt mit $\vec{u}$, damit $g: \vec{x} = \vec{a} + \lambda\vec{u}$; $\lambda \in \mathbb{R}$. λ heißt Parameter der Geraden. Man sagt dann, die Geradengleichung liegt in Parameterform vor.

Beispiel 1: Gerade aus zwei Punkten oder aus Punkt und Richtung

a) Gerade g_1 durch A(2 | 0) und B(1 | 3)

$\vec{x} = \begin{pmatrix} 2 \\ 0 \end{pmatrix} + \lambda \begin{pmatrix} 1-2 \\ 3-0 \end{pmatrix} \rightarrow g_1\text{: } x = \begin{pmatrix} 2 \\ 0 \end{pmatrix} + \lambda \begin{pmatrix} -1 \\ 3 \end{pmatrix}$

b) Gerade g_2 durch A(1 | 2 | −1) und B(3 | 0 | 0)

$g_2\text{: } \vec{x} = \begin{pmatrix} 1 \\ 2 \\ -1 \end{pmatrix} + \lambda \begin{pmatrix} 2 \\ -2 \\ 1 \end{pmatrix}$

c) Gerade g_3 durch P(2 | 3 | −1) mit der Richtung

$\vec{u} = \begin{pmatrix} 1 \\ -1 \\ 2 \end{pmatrix}$ $\qquad g_3\text{: } \vec{x} = \begin{pmatrix} 2 \\ 3 \\ -1 \end{pmatrix} + \lambda \begin{pmatrix} 1 \\ -1 \\ 2 \end{pmatrix}$

Zur Unterscheidung werden vielfach auch μ, σ, τ, ϱ oder auch l, m, n, r, s als Parameterbezeichnungen verwendet. Die gleiche Gerade g kann durch sehr unterschiedlich erscheinende Gleichungen mit Parametern (Parametergleichungen) beschrieben werden:

$$g\text{: } \vec{x} = \overrightarrow{OP} + \lambda \vec{u}; \quad \lambda \in \mathbb{R},$$

da für P jeder beliebige Punkt aus g und für den Richtungsvektor jeder zu $\vec{u}$ linear abhängige Vektor gewählt werden können.

Beispiel 2: Verschiedene Parameterformen

$g\text{: } \vec{x} = \begin{pmatrix} 2 \\ 3 \\ -1 \end{pmatrix} + \lambda \begin{pmatrix} 1 \\ -1 \\ 2 \end{pmatrix}$. Da auch $(3|2|1) \in g$:

$g\text{: } \vec{x} = \begin{pmatrix} 3 \\ 2 \\ 1 \end{pmatrix} + \lambda \begin{pmatrix} -1 \\ 1 \\ -2 \end{pmatrix}$ oder $g\text{: } \vec{x} = \begin{pmatrix} 3 \\ 2 \\ 1 \end{pmatrix} + \lambda \begin{pmatrix} 2 \\ -2 \\ 4 \end{pmatrix}$

weil $\begin{pmatrix} -1 \\ 1 \\ -2 \end{pmatrix} = (-1) \begin{pmatrix} 1 \\ -1 \\ 2 \end{pmatrix}$ und $\begin{pmatrix} 2 \\ -2 \\ 4 \end{pmatrix} = 2 \begin{pmatrix} 1 \\ -1 \\ 2 \end{pmatrix}$

Üblicherweise wird der Richtungsvektor so angegeben, dass seine Koordinaten keine gemeinsamen Teiler haben.
Ist nachzuprüfen, ob ein Punkt P auf einer Geraden g liegt, so muss geprüft werden, ob die Koordinaten von P die Gleichung von g erfüllen, ob es also einen Parameterwert von λ, nennen wir ihn λ_p, gibt, so dass gilt: $\overrightarrow{OP} = \overrightarrow{OA} + \lambda_p \vec{u}$, falls $g: \vec{x} = \overrightarrow{OA} + \lambda \vec{u}$.

Beispiel 3: Punkt auf Gerade

Liegt P(1|4|−3) auf g?

$$\begin{pmatrix}1\\4\\-3\end{pmatrix} \overset{?}{=} \begin{pmatrix}2\\3\\-1\end{pmatrix} + \lambda_p \begin{pmatrix}1\\-1\\2\end{pmatrix}$$

In allen 3 Gleichungen muss sich für λ_p der gleiche Wert ergeben.

Dies ist tatsächlich der Fall $(\lambda_p = -1) \Rightarrow P \in g$.

Lagebeziehungen von Geraden zueinander

$g: \vec{x} = \overrightarrow{OA} + \lambda \vec{u}_g$; $h: \vec{x} = \overrightarrow{OB} + \mu \vec{u}_h$

ZUSAMMENFALLENDE GERADEN Bedingung: $A \in h$ oder $B \in g$ oder es existiert ein g und h gemeinsamer Punkt S und $\vec{u}_g = \sigma \vec{u}_h$, d. h. die beiden Richtungsvektoren sind kollinear.

Beispiel 1: Zusammenfallende Geraden

$$g: \vec{x} = \begin{pmatrix}2\\3\\-1\end{pmatrix} + \lambda \begin{pmatrix}1\\-1\\2\end{pmatrix}; \quad h: \vec{x} = \begin{pmatrix}4\\1\\3\end{pmatrix} + \mu \begin{pmatrix}-1\\1\\-2\end{pmatrix}$$

da $\begin{pmatrix}4\\1\\3\end{pmatrix} \in g\ (\lambda = 2)$ und $\sigma \begin{pmatrix}1\\-1\\2\end{pmatrix} = (-1) \begin{pmatrix}-1\\1\\-2\end{pmatrix}$ folgt $g \equiv h$

ZUEINANDER PARALLELE GERADEN

Bedingung: $\vec{u}_g = \sigma\vec{u}_h$, aber kein Punkt gemeinsam.

Beispiel 2: Echt parallele Geraden

$g: \vec{x} = \begin{pmatrix} 2 \\ 3 \\ -1 \end{pmatrix} + \lambda \begin{pmatrix} 1 \\ -1 \\ 2 \end{pmatrix}; \quad h: \vec{x} = \begin{pmatrix} 0 \\ 1 \\ 3 \end{pmatrix} + \mu \begin{pmatrix} -1 \\ 1 \\ -2 \end{pmatrix}$

da $\begin{pmatrix} 0 \\ 1 \\ 3 \end{pmatrix} \notin g$ aber $\vec{u}_g = -\vec{u}_h$ folgt $g \| h$

Falls $\vec{u}_g = \lambda\vec{u}_h$ erfüllt ist, genügt der Nachweis für einen beliebigen Punkt $P \in h$, dass gilt: $P \notin g$, oder für $Q \in g$ dass gilt: $Q \notin h$.

SICH SCHNEIDENDE GERADEN

Im $\mathbb{R}^2$: Bedingung: $\vec{u}_g \neq \sigma\vec{u}_h$ für alle $\sigma \in \mathbb{R}$. Sobald in $\mathbb{R}^2$ die Richtungskoordinaten zweier Geraden nicht kollinear sind, schneiden sich diese Geraden.

Im $\mathbb{R}^3$: zusätzliche Bedingung zu $\vec{u}_g \neq \sigma\vec{u}_h$: $\overrightarrow{PQ}$, $\vec{u}_g$ und $\vec{u}_h$ sind linear abhängig, mit beliebigem $P \in g$ und beliebigem $Q \in h$.

Schnitt von Geraden

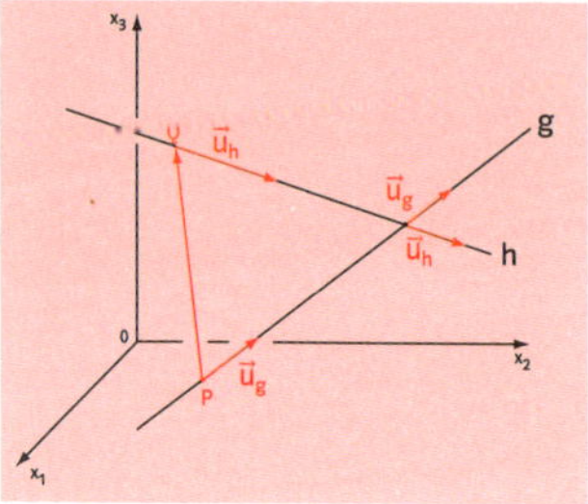

Die zusätzliche Bedingung bedeutet: Die beiden Richtungsvektoren spannen eine Ebene E auf, in der auch jeder Verbindungsvektor zweier Punkte der beiden Geraden liegt.

Beispiel 3: Schnitt zweier Geraden

$$g: \vec{x} = \begin{pmatrix} 2 \\ 3 \\ -1 \end{pmatrix} + \lambda \begin{pmatrix} 1 \\ -1 \\ 2 \end{pmatrix}; \quad h: \vec{x} = \begin{pmatrix} -1 \\ 2 \\ -2 \end{pmatrix} + \mu \begin{pmatrix} 1 \\ 3 \\ -3 \end{pmatrix}$$

Nachprüfung der Schnittbedingungen:

$$\begin{pmatrix} 1 \\ -1 \\ 2 \end{pmatrix} = \sigma \begin{pmatrix} 1 \\ 3 \\ -3 \end{pmatrix} \quad \left.\begin{array}{lrl} (1) & 1 = & s \\ (2) & -1 = & 3s \\ (3) & 2 = & -3s \end{array}\right\}$$

es existiert kein gemeinsames $\sigma \in \mathbb{R}$, das alle drei Gleichungen erfüllt.

$\Rightarrow$ die Richtungsvektoren sind linear unabhängig. Für P und Q werden A und B gewählt:

$$\overrightarrow{PQ} = \overrightarrow{AB} = \begin{pmatrix} -3 \\ -1 \\ -1 \end{pmatrix};$$

$$\det(\overrightarrow{AB}; \vec{u}_g; \vec{u}_h) = \begin{vmatrix} -3 & 1 & 1 \\ -1 & -1 & 3 \\ -3 & 2 & -3 \end{vmatrix} = -9 - 3 - 2 - 1 + 18 - 3 = 0$$

$\Rightarrow$ $\overrightarrow{AB}$, $\vec{u}_g$ und $\vec{u}_h$ sind linear abhängig. Aus beiden Resultaten zusammen folgt deshalb: g und h schneiden sich in einem Punkt. Soll nun der Schnittpunkt S bestimmt werden, dann werden die beiden Geradengleichungen gleichgesetzt und die beiden Parameterwerte (z. B. für λ und μ) ermittelt, die das System, das aus den zwei (im $\mathbb{R}^3$: drei) Koordinatengleichungen besteht, lösen.

Weiterführung des obigen Beispiels: $g = h$

$$\begin{array}{lrcl} (1) & 2 + \lambda = -1 + \mu & \Rightarrow (1) & 3 + \lambda = \mu \\ (2) & 3 - \lambda = 2 + 3\mu & \Rightarrow (2) & 1 - \lambda = 3\mu \\ (3) & -1 + 2\lambda = -2 - 3\mu & \Rightarrow (3) & 1 + 2\lambda = -3\mu \end{array}$$

$$\left.\begin{array}{ll} (1) + (2)\text{: } (4) \ 4 = 4\mu & \Rightarrow \mu = 1 \\ 2(2) + (3)\text{: } (5) \ 3 = 3\mu & \Rightarrow \mu = 1 \end{array}\right\} \text{ in (1): } 3 + \lambda = 1 \Rightarrow \lambda = -2$$

⇒ gemeinsamer Punkt S von g und h existiert, seine Koordinaten werden ermittelt aus
$\lambda_S = -2$ (für g) oder aus $\mu_S = 1$ (für h):
nach kurzer Rechnung erhält man $S(0|5|-5)$

Natürlich kann man auch, ohne die oben angegebenen Bedingungen vorher zu überprüfen, sofort die Geradengleichungen gleichsetzen und dann sehen, ob sich das System der drei (im $\mathbb{R}^2$ zwei) Gleichungen mit zwei Unbekannten (λ und μ) lösen lässt.

ZUEINANDER WINDSCHIEFE GERADEN Geraden heißen zueinander windschief, wenn sie weder zueinander parallel sind noch sich schneiden. Dieser Fall kann nur im $\mathbb{R}^3$ auftreten.

Windschiefe Geraden

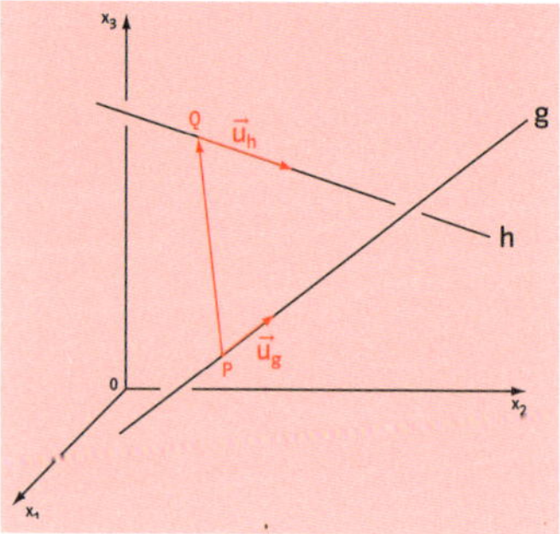

Die Vektoren $\overrightarrow{PQ}$; $\vec{u}_g$; $\vec{u}_h$ liegen nicht in einer gemeinsamen Ebene. Dies hängt auch nicht von einer speziellen Wahl der Punkte $P \in g$ und $Q \in h$ ab.

Das Kriterium für eine windschiefe Lage der Geraden g und h liegt damit fest: die Vektoren $\overrightarrow{PQ}$; $\vec{u}_g$ und $\vec{u}_h$ sind linear unabhängig, d.h. $\det(\overrightarrow{PQ}; \vec{u}_g; \vec{u}_h) \neq 0$ mit $P \in g$ und $Q \in h$.

Beispiel 4: Kriterium für windschiefe Geraden

$g: \vec{x} = \begin{pmatrix} 2 \\ 3 \\ -1 \end{pmatrix} + \lambda \begin{pmatrix} 1 \\ -1 \\ 2 \end{pmatrix}; \quad h: \vec{x} = \begin{pmatrix} 1 \\ 2 \\ -3 \end{pmatrix} + \mu \begin{pmatrix} 1 \\ 3 \\ -3 \end{pmatrix}$

mit den Stützpunkten der Geraden als P und Q:

$$\det(\overrightarrow{PQ}; \vec{u}_g; \vec{u}_h) = \begin{vmatrix} -1 & 1 & 1 \\ -1 & -1 & 3 \\ -2 & 2 & -3 \end{vmatrix}$$

$$= -3 - 6 - 2 - 2 + 6 - 3 = -10 \neq 0$$

$\Rightarrow$ $\overrightarrow{PQ}; \vec{u}_g; \vec{u}_h$ sind linear unabhängig

$\Rightarrow$ g und h liegen zueinander windschief

Ebenen und Ebenengleichungen

EBENE DURCH ZWEI VEKTOREN Zwei linear unabhängige, d. h. nicht-kollineare Vektoren spannen immer eine Ebene auf. Dies drückt sich auch in der Form aus, wie eine Ebenengleichung aufgebaut werden kann.

Ebene 1: Punkt und 2 Richtungen

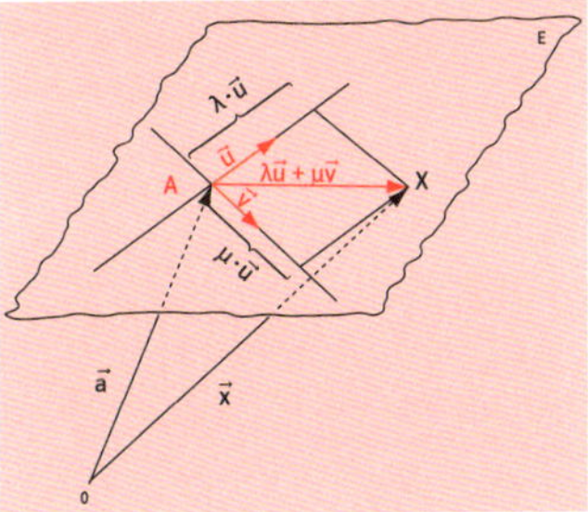

Für den Vektor $\overrightarrow{OX}$ (X beliebiger Punkt der Ebene E, die durch die Vektoren $\vec{u}$ und $\vec{v}$ aufgespannt wird) lässt sich mit $A \in E$ schreiben:
$\overrightarrow{OX} = \overrightarrow{OA} + \lambda\vec{u} + \mu\vec{v}$,
damit:

$$E: \vec{x} = \vec{a} + \lambda\vec{u} + \mu\vec{v}; \text{ mit } \lambda, \mu \in \mathbb{R}$$

EBENE 2: 3 PUNKTE

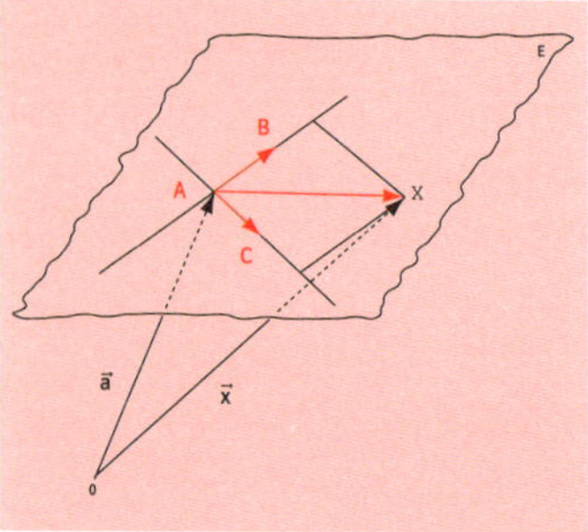

An die Stelle von $\vec{u}$ und $\vec{v}$ treten jetzt die Vektoren $\overrightarrow{AB}$ und $\overrightarrow{AC}$, womit gilt:

$$\overrightarrow{OX} = \overrightarrow{OA} + \lambda\overrightarrow{AB} + \mu\overrightarrow{AC} \quad \text{bzw.:}$$
$$E: \vec{x} = \vec{a} + \lambda\overrightarrow{AB} + \mu\overrightarrow{AC} \quad \text{oder}$$
$$E: \vec{x} = \vec{a} + \lambda(\vec{b} - \vec{a}) + \mu(\vec{c} - \vec{a}); \quad \lambda, \mu \in \mathbb{R}$$

EBENE 3: PUNKT UND GERADE

$g: \vec{x} = \overrightarrow{OA} + \lambda\vec{u}_g$

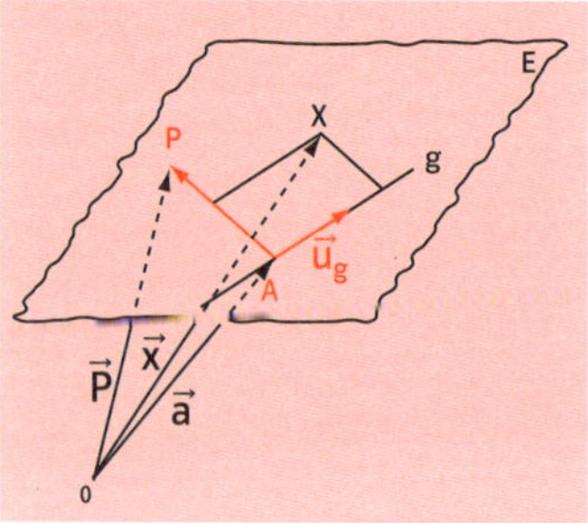

Für die zweite Richtung nimmt man einen (beliebigen) Vektor, der von einem Geradenpunkt ausgeht und in Richtung P zeigt, z. B. $\overrightarrow{AP}$, damit:

$$E: \vec{x} = \overrightarrow{OA} + \lambda\vec{u}_g + \mu\overrightarrow{AP}; \quad \lambda, \mu \in \mathbb{R}$$

EBENE DURCH ZWEI PARALLELEN

Ebene 4: Zwei Parallelen

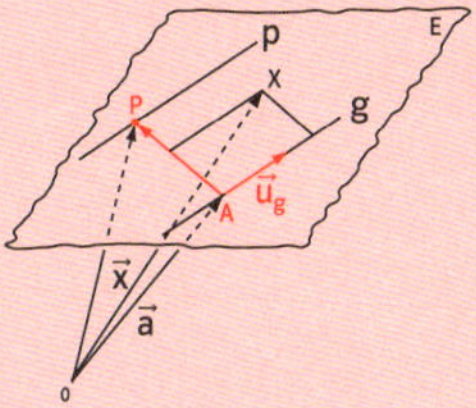

$g: \vec{x} = \overrightarrow{OA} + \lambda \vec{u}_g$
$p: \vec{x} = \overrightarrow{OP} + \mu \vec{u}_g;$
$P \notin g$

Wie unmittelbar oben kann jeder beliebige Vektor, der von einem g-Punkt ausgeht und in einem p-Punkt endet, als 2. Richtung gewählt werden oder ein hierzu kollinearer Vektor, vorzugsweise wird man $\overrightarrow{AP}$ wählen, da die hierfür benötigten Koordinatenwerte unmittelbar gegeben sind, damit:

$$E: \vec{x} = \overrightarrow{OA} + \lambda \vec{u}_g + \mu \overrightarrow{AP}; \ \lambda, \mu \in \mathbb{R}$$

Alle hier vorgegebenen Formen von Ebenengleichungen nennt man Parameterformen.

Achsenschnittpunkte, Spurpunkte, Spurgeraden

Für Zeichnungen und Skizzen ist es oft nützlich zu wissen, wo Geraden und Ebenen die Koordinatenachsen bzw. die Koordinatenebenen schneiden.

ACHSENSCHNITTPUNKT

a) **Schnitt mit der x_1-Achse**
($x_2 = 0$ und gf. im $\mathbb{R}^3$ $x_3 = 0$)

$g_1: \vec{x} = \binom{1}{2} + \lambda\binom{1}{-1}$, aus $x_2 = 0$ folgt $2 - \lambda = 0$

$\Rightarrow \lambda = 2$; da $x_1 = 1 + \lambda$ ergibt sich $x_1 = 3$

g_1 schneidet die x_1-Achse im Punkt $(3|0)$.

$$E_1: \vec{x} = \begin{pmatrix} 1 \\ 2 \\ -1 \end{pmatrix} + \lambda \begin{pmatrix} 1 \\ -1 \\ 1 \end{pmatrix} + \mu \begin{pmatrix} 1 \\ 1 \\ 1 \end{pmatrix}$$

$$\left.\begin{array}{l} x_2 = 0 \Rightarrow \quad 2 - \lambda + \mu = 0 \\ x_3 = 0 \Rightarrow -1 + \lambda + \mu = 0 \end{array}\right\} \Rightarrow \mu = -\tfrac{1}{2};\ \lambda = \tfrac{3}{2}$$

$\Rightarrow$ E_1 schneidet die x_2-Achse im Punkt $(2|0|0)$

b) Schnitt mit der x_2-Achse
($x_1 = 0$ und – falls im $\mathbb{R}^3$ – $x_3 = 0$)

$g_1: \vec{x} = \binom{1}{2} + \lambda\binom{1}{-1}$; aus $x_1 = 0$ folgt $1 + \lambda = 0$

$\Rightarrow \lambda = -1$; da $x_2 = 2 - \lambda$ ergibt sich $x_2 = 3$.

g_1 schneidet die x_2-Achse im Punkt $(0|3)$.

$$\left.\begin{array}{l} E_1 \text{ wie oben} \\ x_1 = 0 \Rightarrow \quad 1 + \lambda + \mu = 0 \\ x_3 = 0 \Rightarrow -1 + \lambda + \mu = 0 \end{array}\right\}$$

$\Rightarrow 2 = 0$, damit Widerspruch; d. h. E_1 schneidet die x_2-Achse nicht.

SPURPUNKTE Geraden im $\mathbb{R}^3$ durchstoßen die Koordinatenebenen in so genannten Spurpunkten.

$$g: \vec{x} = \begin{pmatrix} 1 \\ 2 \\ -1 \end{pmatrix} + \lambda \begin{pmatrix} 1 \\ -1 \\ 1 \end{pmatrix}$$

a) Durchstoßpunkt in der x_1x_2-Ebene ($x_3 = 0$):
$x_3 = 0 \Rightarrow 0 = -1 + \lambda \Rightarrow \lambda = 1$
$\Rightarrow S_{12}\,(2|1|0)$

b) Durchstoßpunkt in der x_1x_3-Ebene ($x_2 = 0$):
$x_2 = 0 \Rightarrow 0 = 2 - \lambda \Rightarrow \lambda = 2$
$\Rightarrow S_{13}(3|0|1)$

SPURGERADEN Ebenen schneiden die Koordinatenebenen in so genannten Spurgeraden.
E_1 wie oben

a) Schnitt mit der x_1x_2-Ebene ($x_3 = 0$)
$0 = -1 + \lambda + \mu \quad \Rightarrow \quad \lambda = 1 - \mu$ eingesetzt in E_1

$$\vec{x} = \begin{pmatrix} 1 \\ 2 \\ -1 \end{pmatrix} + (1 - \mu)\begin{pmatrix} 1 \\ -1 \\ 1 \end{pmatrix} + \mu\begin{pmatrix} 1 \\ 1 \\ 1 \end{pmatrix}$$

$$\Rightarrow \vec{x} = \begin{pmatrix} 1+1 \\ 2-1 \\ -1+1 \end{pmatrix} + \mu\begin{pmatrix} -1+1 \\ 1+1 \\ -1+1 \end{pmatrix} \Rightarrow \vec{x} = \begin{pmatrix} 2 \\ 1 \\ 0 \end{pmatrix} + \mu\begin{pmatrix} 0 \\ 2 \\ 0 \end{pmatrix}$$

„gekürzt" ergibt sich für s_{12}: $\vec{x} = \begin{pmatrix} 2 \\ 1 \\ 0 \end{pmatrix} + \mu\begin{pmatrix} 0 \\ 1 \\ 0 \end{pmatrix}$

b) Schnitt mit der x_2x_3-Ebene ($x_1 = 0$)
Das analoge Vorgehen liefert zunächst $\lambda = -1 - \mu$ und schließlich: s_{23}: $\vec{x} = \begin{pmatrix} 0 \\ 3 \\ -2 \end{pmatrix} + \mu\begin{pmatrix} 0 \\ 1 \\ 0 \end{pmatrix}$

Lagebeziehungen von Ebenen

ZUEINANDER PARALLELE EBENEN

Parallelebenen

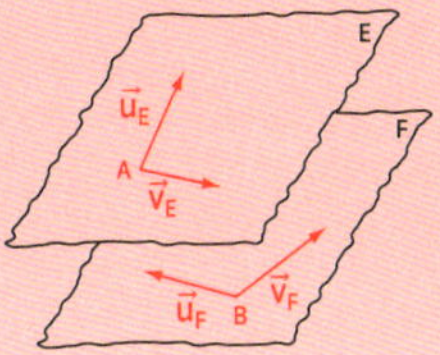

$E \| F$ so folgt daraus, dass jeweils drei Vektoren aus der Menge $\{\vec{u}_E;\ \vec{v}_E;\ \vec{u}_F;\ \vec{v}_F\}$ (zueinander) linear abhängig sind.

Beispiel:

$$E:\ \vec{x} = \begin{pmatrix} 2 \\ 1 \\ -1 \end{pmatrix} + \lambda \begin{pmatrix} 1 \\ -1 \\ 2 \end{pmatrix} + \mu \begin{pmatrix} -1 \\ 2 \\ 1 \end{pmatrix};$$

$$F:\ \vec{x} = \begin{pmatrix} 3 \\ -1 \\ 2 \end{pmatrix} + \sigma \begin{pmatrix} -1 \\ 3 \\ 4 \end{pmatrix} + \tau \begin{pmatrix} -2 \\ 3 \\ -1 \end{pmatrix}$$

$$\det(\vec{u}_E;\ \vec{v}_E;\ \vec{u}_F) = \begin{vmatrix} 1 & -1 & -1 \\ -1 & 2 & 3 \\ 2 & 1 & 4 \end{vmatrix} = 8 - 6 + 1 + 4 - 3 - 4 = 0$$

$$\det(\vec{u}_E;\ \vec{v}_E;\ \vec{v}_F) = \begin{vmatrix} 1 & -1 & -2 \\ -1 & 2 & 3 \\ 2 & 1 & -1 \end{vmatrix} = -2 - 6 + 2 + 8 - 3 + 1 = 0$$

$\Rightarrow$ Die Ebenen E und F sind zueinander parallel. Echte Parallelität liegt dann vor, wenn kein Punkt aus E auch in P liegt. Der Nachweis braucht nur für einen Punkt geführt werden. $A(2|1|-1) \in E : A \overset{?}{\in} F$

$$\begin{pmatrix} 2 \\ 1 \\ -1 \end{pmatrix} \overset{?}{=} \begin{pmatrix} 3 \\ -1 \\ 2 \end{pmatrix} + \sigma \begin{pmatrix} -1 \\ 3 \\ 4 \end{pmatrix} + \tau \begin{pmatrix} -2 \\ 3 \\ -1 \end{pmatrix}$$

$$\Rightarrow \begin{cases} (1)\ -1 = -\sigma - 2\tau \\ (2)\quad 2 = 3\sigma + 3\tau \\ (3)\ -3 = 4\sigma - \tau \end{cases} \quad \begin{aligned} &3(1) + (2) : (4)\ \ -1 = -3\tau \Rightarrow \tau = \tfrac{1}{3} \\ &4(2) - 3(3) : (5)\ \ 17 = 15\tau \Rightarrow \tau = \tfrac{17}{15} \end{aligned}$$

(4) und **(5)** sind widersprüchlich $\Rightarrow A \notin F \Rightarrow$ E und F sind echt parallel.

Weitere Nachweismöglichkeit für echte Parallelität: Der Verbindungsvektor zweier Punkte der Ebenen (von einer Ebene zur anderen) und die Richtungsvektoren einer Ebene sind linear unabhängig, d. h. anschaulich, der Verbindungsvektor liegt außerhalb der Ebenen. Vorzugsweise wählt man für die beiden, an sich beliebigen, Ebenenpunkte die Stützpunkte selbst.

$$\overrightarrow{AB} = \begin{pmatrix} 3-2 \\ -1-1 \\ 2+1 \end{pmatrix} = \begin{pmatrix} 1 \\ -2 \\ 3 \end{pmatrix};\ \det(\overrightarrow{AB}; \vec{u}_E; \vec{v}_E)$$

$$= \begin{vmatrix} 1 & 1 & -1 \\ -2 & -1 & 2 \\ 3 & 2 & 1 \end{vmatrix} = -1+6+4-3-4+2 = 4 \neq 0$$

$\Rightarrow$ echte Parallelität der Ebenen.

SICH SCHNEIDENDE EBENEN

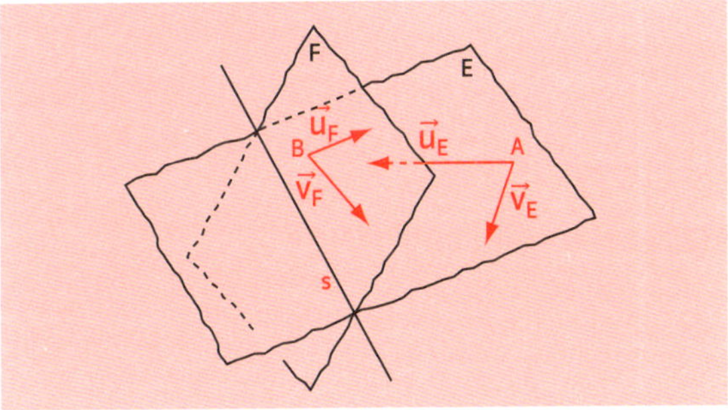

Die Schnittmenge ist eine Gerade, die Schnittgerade s. Die Gleichung von s erhält man durch Gleichsetzung der Ebenengleichungen und anschließende Elimination eines der Parameterpaare der Ebenen.

E wie oben

$$F: \vec{x} = \begin{pmatrix} 3 \\ -1 \\ 2 \end{pmatrix} + \sigma \begin{pmatrix} 1 \\ 3 \\ 2 \end{pmatrix} + \tau \begin{pmatrix} 2 \\ -1 \\ 3 \end{pmatrix}$$

$$E = F: \begin{pmatrix} 2 \\ 1 \\ -1 \end{pmatrix} + \lambda \begin{pmatrix} 1 \\ -1 \\ 2 \end{pmatrix} + \mu \begin{pmatrix} -1 \\ 2 \\ 1 \end{pmatrix} = \begin{pmatrix} 3 \\ -1 \\ 2 \end{pmatrix} + \sigma \begin{pmatrix} 1 \\ 3 \\ 2 \end{pmatrix} + \tau \begin{pmatrix} 2 \\ -1 \\ 3 \end{pmatrix}$$

$$\Rightarrow \left\{ \begin{array}{l} (1)\ \lambda - \mu = 1 + \sigma + 2t \\ (2)\ -\lambda + 2\mu = -2 + 3\sigma - t \\ (3)\ 2\lambda + \mu = 3 + 2\sigma + 3t \end{array} \right. \quad \begin{array}{l} \textbf{(1) + (2): (4)} \\ \mu = -1 + 4\sigma + \tau \\ \textbf{2(2) + (3): (5)} \\ 5\mu = -1 + 8\sigma + \tau \end{array}$$

5(4) – (5): $0 = -4 + 12\sigma + 4\tau \quad \Rightarrow \quad \tau = 1 - 3\sigma$,

eingesetzt in F: $\vec{x} = \begin{pmatrix} 3 \\ -1 \\ 2 \end{pmatrix} + \sigma \begin{pmatrix} 1 \\ 3 \\ 2 \end{pmatrix} + (1 - 3\sigma) \begin{pmatrix} 2 \\ -1 \\ 3 \end{pmatrix}$

$\Rightarrow s: \vec{x} = \begin{pmatrix} 5 \\ -2 \\ 5 \end{pmatrix} + \sigma \begin{pmatrix} -5 \\ 6 \\ -7 \end{pmatrix}$ Schnittgerade s von E und F

Folgende Rechenproben sind jetzt möglich:

$(5|-2|5) \overset{?}{\in} E$; $(5|-2|5) \overset{?}{\in} F$

$\det(\vec{u}_S; \vec{u}_E; \vec{v}_E) \overset{?}{=} 0$ und $\det(\vec{u}_S; \vec{u}_F; \vec{v}_F) \overset{?}{=} 0$

mit $\vec{u}_S = \begin{pmatrix} -5 \\ 6 \\ -7 \end{pmatrix}$

Lagebeziehungen von Ebene und Gerade

EBENE UND GERADE LIEGEN ZUEINANDER PARALLEL

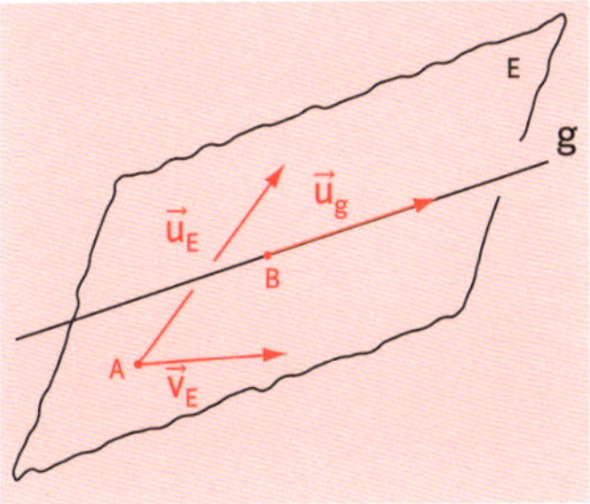

Falls $g \parallel E$, dann folgt $\det(\vec{u}_g; \vec{u}_E; \vec{v}_E) = 0$, d. h. die drei Richtungsvektoren sind (zueinander) linear abhängig.

Echte Parallelität liegt dann vor, wenn (anschaulich) der Verbindungsvektor $\overrightarrow{AB}$ aus der Ebene E herausragt, wenn also gilt: $\det(\overrightarrow{AB}; \vec{u}_E; \vec{v}_E) \neq 0$.

Beispiel:
E wie oben;

$$g: \vec{x} = \begin{pmatrix} 3 \\ -1 \\ 2 \end{pmatrix} + \sigma \begin{pmatrix} -1 \\ 3 \\ 4 \end{pmatrix}$$

$$\det(\vec{u}_g; \vec{u}_E; \vec{v}_E) = \begin{vmatrix} -1 & 1 & -1 \\ 3 & -1 & 2 \\ 4 & 2 & 1 \end{vmatrix} = 1 + 8 - 6 - 4 + 4 - 3 = 0$$

$$\det(\overrightarrow{AB}; \vec{u}_E; \vec{v}_E) = \begin{vmatrix} 1 & 1 & -1 \\ -2 & -1 & 2 \\ 3 & 2 & 1 \end{vmatrix} = -1 + 6 + 4 - 3 - 4 + 2 = 4 \neq 0$$

$\Rightarrow$ g und E liegen echt parallel zueinander.

Hätte sich oben zu $\det(\vec{u}_g; \vec{u}_E; \vec{v}_E) = 0$ auch noch $\det(\overrightarrow{AB}; \vec{u}_E; \vec{v}_E) = 0$ ergeben, dann läge g ganz in E.

EBENE UND GERADE SCHNEIDEN SICH

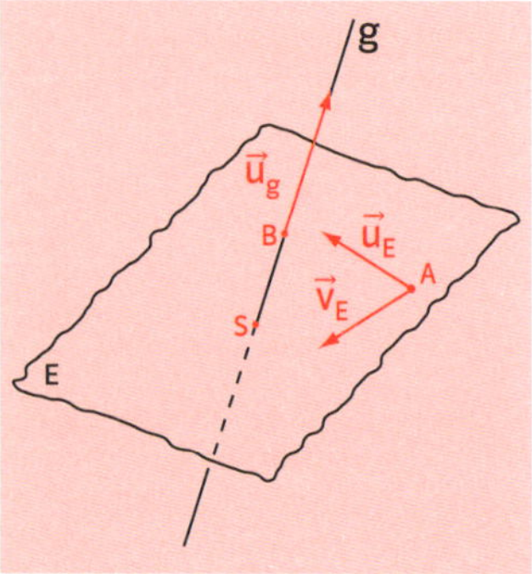

Schneiden sich Ebene und Gerade, so haben sie genau einen Punkt gemeinsam, den Schnittpunkt S.

Voraussetzung für einen Schnitt: $\det(\vec{u}_g; \vec{u}_E; \vec{v}_E) \neq 0$, also lineare Unabhängigkeit der drei Richtungsvektoren.

Beispiel:
E wie oben.

$$g: \vec{x} = \begin{pmatrix} 3 \\ -1 \\ 2 \end{pmatrix} + \sigma \begin{pmatrix} 2 \\ -1 \\ 1 \end{pmatrix}$$

$$\det(\vec{u}_g; \vec{u}_E; \vec{v}_E) = \begin{vmatrix} 2 & 1 & -1 \\ -1 & -1 & 2 \\ 1 & 2 & 1 \end{vmatrix} = -2 + 2 + 2 - 1 - 8 + 1$$
$$= -6 \neq 0$$

hieraus folgt bereits: g schneidet E in einem Punkt.
Ermittlung des Schnittpunktes S:

Aus $\begin{pmatrix} 2 \\ 1 \\ -1 \end{pmatrix} + \lambda \begin{pmatrix} 1 \\ -1 \\ 2 \end{pmatrix} + \mu \begin{pmatrix} -1 \\ 2 \\ 1 \end{pmatrix} = \begin{pmatrix} 3 \\ -1 \\ 2 \end{pmatrix} + \sigma \begin{pmatrix} 2 \\ -1 \\ 1 \end{pmatrix}$ ermittelt man $S\left(\frac{13}{3} \middle| -\frac{5}{3} \middle| \frac{8}{3}\right)$.

Lineare Gleichungssysteme

In den vorausgegangenen Kapiteln hatten wir es öfter mit mehreren Gleichungen und mehreren Unbekannten, die nur linear vorkamen, zu tun. Im Folgenden soll die Lösbarkeit von solchen, linear genannten, Gleichungssystemen näher untersucht werden.

In allgemeiner Form lässt sich ein lineares Gleichungssystem mit 2 Gleichungen und 2 Unbekannten (Variablen) so darstellen:

(1) $a_{11}x_1 + a_{12}x_2 = c_1$; x_1, x_2 heißen Variable
(2) $a_{21}x_1 + a_{22}x_2 = c_2$; $a_{11}, a_{12}, \ldots, c_1, c_2$ sind reelle Koeffizienten.

Das übliche Verfahren der Auflösung nach den Variablen führt auf folgende Lösungsansätze:

$$x_1 = \frac{-a_{12}c_2 + a_{22}c_1}{a_{11}a_{22} - a_{12}a_{21}}; \quad x_2 = \frac{a_{11}c_2 - a_{21}c_1}{a_{11}a_{22} - a_{12}a_{21}}$$

Definiert man die folgenden Determinanten:

$$D = \begin{vmatrix} a_{11} & a_{12} \\ a_{21} & a_{22} \end{vmatrix} = a_{11}a_{22} - a_{21}a_{12};$$

$$D_1 = \begin{vmatrix} a_{12} & c_1 \\ a_{22} & c_2 \end{vmatrix} = a_{12}c_2 - a_{22}c_1;$$

$$D_2 = \begin{vmatrix} a_{11} & c_1 \\ a_{21} & c_2 \end{vmatrix} = a_{11}c_2 - a_{21}c_1;$$

so lassen sich die Lösungsansätze auch kurz schreiben:

$$x_1 = -\frac{D_1}{D} \text{ und } x_2 = \frac{D_2}{D}$$

Ob damit auch schon Lösungen gegeben sind, hängt von den tatsächlichen Determinantenwerten ab.

1. Keine Lösungen existieren sicherlich, falls $D = 0$ und $D_1 \neq 0$ und $D_2 \neq 0$.
2. Umgekehrt bestehen eindeutige Lösungen für den Fall $D \neq 0$.

In den übrigen Fällen $(D = 0)$ existieren entweder unendlich viele Lösungen oder die Lösungsmenge ist leer.

Beispiel 1: 2 Gleichungen, 2 Unbekannte

(1) $3x_1 - 2x_2 = 6;$
(2) $-x_1 + 2x_2 = 2;$

$D_1 = \begin{vmatrix} -2 & 6 \\ 2 & 2 \end{vmatrix} = -4 - 12 = -16;\ D_2 = \begin{vmatrix} 3 & 6 \\ -1 & 2 \end{vmatrix} = 6 + 6 = 12$

$D = \begin{vmatrix} 3 & -2 \\ -1 & 2 \end{vmatrix} = 6 - 2 = 4;$

$\Rightarrow x_1 = \frac{-(-16)}{4} = 4;\ x_2 = \frac{12}{4} = 3;\ \Rightarrow \mathbb{L} = \{4; 3\}$

Für lineare Gleichungssysteme, die aus 3 Gleichungen mit 3 Variablen aufgebaut sind

(1) $a_{11}x_1 + a_{12}x_2 + a_{13}x_3 = b_1$
(2) $a_{21}x_1 + a_{22}x_2 + a_{23}x_3 = b_2$
(3) $a_{31}x_1 + a_{32}x_2 + a_{33}x_3 = b_3$

lassen sich mit

$$D_1 = \begin{vmatrix} a_{12} & a_{13} & b_1 \\ a_{22} & a_{23} & b_2 \\ a_{32} & a_{33} & b_3 \end{vmatrix};\quad D_2 = \begin{vmatrix} a_{11} & a_{13} & b_1 \\ a_{21} & a_{23} & b_2 \\ a_{31} & a_{33} & b_3 \end{vmatrix}$$

$$D_3 = \begin{vmatrix} a_{11} & a_{12} & b_1 \\ a_{21} & a_{22} & b_2 \\ a_{31} & a_{32} & b_3 \end{vmatrix};\quad D = \begin{vmatrix} a_{11} & a_{12} & a_{13} \\ a_{21} & a_{22} & b_{23} \\ a_{31} & a_{32} & b_{33} \end{vmatrix}$$

die Lösungsansätze angeben:

$$x_1 = \frac{D_1}{D};\; x_2 = \frac{-D_2}{D};\; x_3 = \frac{D_3}{D}$$

Genau eine Lösung ergibt sich nur für $D \neq 0$.

Beispiel 2: 3 Gleichungen, 3 Unbekannte

(1) $2x_1 - x_2 + x_3 = 6;$
(2) $-x_1 + 3x_2 + 2x_3 = -3;$
(3) $x_1 + 2x_2 - 2x_3 = -2;$

$$x_1 = \frac{\begin{vmatrix} -1 & 1 & 6 \\ 3 & 2 & -3 \\ 2 & -2 & -2 \end{vmatrix}}{\begin{vmatrix} 2 & -1 & 1 \\ -1 & 3 & 2 \\ 1 & 2 & -2 \end{vmatrix}} = \frac{4 - 6 - 36 - 24 + 6 + 6}{-12 - 2 - 2 - 3 - 8 + 2} = \frac{-50}{-25} = 2;$$

$$x_2 = \frac{-\begin{vmatrix} 2 & 1 & 6 \\ -1 & 2 & -3 \\ 1 & -2 & -2 \end{vmatrix}}{-25} = \frac{-(-8 - 3 + 12 - 12 - 12 - 2)}{-25} = \frac{25}{-25} = -1;$$

$$x_3 = \frac{\begin{vmatrix} 2 & -1 & 6 \\ -1 & 3 & -3 \\ 1 & 2 & -2 \end{vmatrix}}{-25} = \frac{-12 + 3 - 12 - 18 + 12 + 2}{-25} = \frac{-25}{-25} = 1;$$

Über eine Probe bestätigt man dann: $\mathbb{L} = \{(2; -1; 1)\}$

Eine besondere Rolle unter den linearen Gleichungssystemen spielen solche Systeme, bei denen die Elemente b_i, also diejenige Elemente, die bei der hier vorgestellten Schreibweise rechts des Gleichheitszeichens stehen, sämtlich verschwinden. Man nennt diese Systeme **homogen**, die anderen **inhomogen**.

Im homogenen Fall sind D_1, D_2 und D_3 sämtlich gleich Null, da sie ja alle mindestens eine verschwindende Spalte aufweisen. Ist dann $D \neq 0$, so stellt (0; 0; 0) die einzige Lösung des homogenen linearen Gleichungssystems dar. Man nennt diese die triviale Lösung. Ist zudem auch $D = 0$, so gibt es neben der trivialen Lösung noch eine unendlich große Lösungsvielfalt für die Tripel $(x_1; x_2; x_3)$.

Lineare Gleichungssysteme, bei denen die Anzahl der Gleichungen größer ist als die Anzahl der Variablen heißen überbestimmt, im umgekehrten Fall unterbestimmt. Solche linearen Gleichungssysteme haben unterschiedliche Lösungsvielfalten, sie reichen von der leeren Lösungsmenge bis zu einer Lösungsmenge, bei der für jede Variable unabhängig unendlich viele Werte gewählt werden können.

Geometrisch drückt sich eine eindeutige Lösung meist in einem Punkt aus. Eine (einfach) unendliche Lösungsmenge kann durch eine Gerade, eine (doppelt) unendliche Lösungsmenge durch eine Ebene visualisiert werden.

Analytische Geometrie und Lineare Algebra

Skalarprodukt

QUICK-FINDER

Definition des Skalarprodukts

DEFINITION Bisher wurde innerhalb der Menge der Vektoren nur die Addition verwendet. Zwei Vektoren können jedoch auch miteinander multipliziert werden und zwar auf unterschiedliche Art. Zunächst soll diejenige Art erklärt werden, die eine Zahl, also einen Skalar als Ergebnis liefert. Man nennt sie die skalare Multiplikation (nicht Multiplikation mit einem Skalar!). Das Ergebnis heißt auch **Skalarprodukt**. Es ist wie folgt definiert:

Definition

(1) $\vec{a} \circ \vec{b} := |\vec{a}| \cdot |\vec{b}| \cdot \cos \varphi$ oder

(2) $\vec{a} \circ \vec{b} := \begin{pmatrix} a_1 \\ a_2 \\ a_3 \end{pmatrix} \circ \begin{pmatrix} b_1 \\ b_2 \\ b_3 \end{pmatrix} = a_1b_1 + a_2b_2 + a_3b_3$

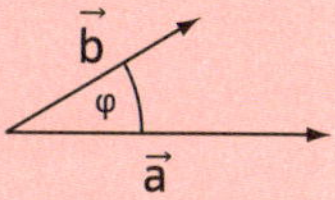

Unter φ versteht man generell den kleineren Winkel zwischen den beiden Vektoren, also $0 \leqq \varphi(\vec{a}; \vec{b}) \leqq \pi$.
Da $\cos 90° = 0$ folgt unmittelbar aus der Definition 1, dass $\vec{a} \circ \vec{b} = 0$ gleichbedeutend ist mit $\vec{a} \perp \vec{b}$.

Beispiel:
Die Richtungsvektoren längs der Achsen eines kartesischen Koordinatensystems stehen aufeinander senkrecht. Nachprüfung:

$\vec{e}_1 = \begin{pmatrix} 1 \\ 0 \\ 0 \end{pmatrix}$; $\vec{e}_2 = \begin{pmatrix} 0 \\ 1 \\ 0 \end{pmatrix}$; $\vec{e}_3 = \begin{pmatrix} 0 \\ 0 \\ 1 \end{pmatrix}$, damit

$$\vec{e}_1 \circ \vec{e}_2 = \begin{pmatrix} 1 \\ 0 \\ 0 \end{pmatrix} \circ \begin{pmatrix} 0 \\ 1 \\ 0 \end{pmatrix} = 0 + 0 + 0 = 0 \Rightarrow \vec{e}_1 \perp \vec{e}_2$$

ebenso:

$$\vec{e}_2 \circ \vec{e}_3 = \begin{pmatrix}0\\1\\0\end{pmatrix} \circ \begin{pmatrix}0\\0\\1\end{pmatrix} = 0 + 0 + 0 = 0 \Rightarrow \vec{e}_2 \perp \vec{e}_3$$

Aus (1) folgt auch:

$$\cos\left(\vec{a}; \vec{b}\right) = \frac{\vec{a} \circ \vec{b}}{|\vec{a}| \cdot |\vec{b}|} \quad \text{bzw.} \quad \cos\left(\vec{a}; \vec{b}\right) = \vec{a}^{\circ} \circ \vec{b}^{\circ}$$

SCHNITTWINKEL VON GERADEN Damit lassen sich Winkelgrößen berechnen.

a) Welchen Winkel schließen die Dreiecksseiten [AB] und [AC] miteinander ein, wenn $A(1|1|0)$, $B(3|0|1)$ und $C(0|0|-2)$?

$$\overrightarrow{AC} = \begin{pmatrix}-1\\-1\\-2\end{pmatrix}; \quad \overrightarrow{AB}\begin{pmatrix}2\\-1\\1\end{pmatrix}; \quad |\overrightarrow{AC}| = \sqrt{6}; \quad |\overrightarrow{AB}| = \sqrt{6}$$

$$\overrightarrow{AB} \circ \overrightarrow{AC} = \begin{pmatrix}2\\-1\\1\end{pmatrix} \circ \begin{pmatrix}-1\\-1\\-2\end{pmatrix} = -2 + 1 - 2 = -3; \quad \text{also}$$

$$\cos(\overrightarrow{AB}; \overrightarrow{AC}) = -\frac{3}{\sqrt{6} \cdot \sqrt{6}} = -\frac{1}{2} \quad \Rightarrow \quad \varphi(\overrightarrow{AB}; \overrightarrow{AC}) = 120°$$

b) Unter welchem Winkel schneiden sich die Geraden g und h?

$$\vec{u}_g = \begin{pmatrix}1\\-1\\2\end{pmatrix}; \quad \vec{u}_h = \begin{pmatrix}1\\3\\-3\end{pmatrix}$$

$$\cos \sphericalangle(g; h) = \frac{1 - 3 - 6}{\sqrt{6} \cdot \sqrt{19}}$$

Schnittwinkel

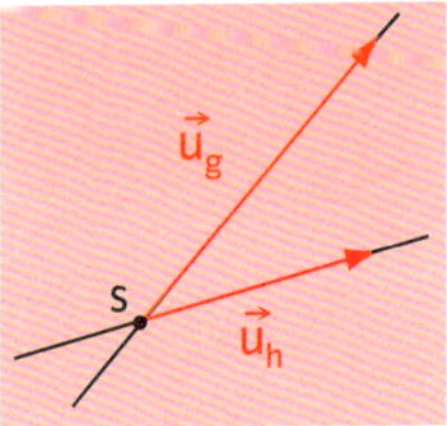

Wegen der meist unbekannten gegenseitigen Orientierung der Richtungsvektoren der Geraden ist es nicht sicher, ob sich bei dieser Methode der kleinere der beiden möglichen Winkel ergibt. Hier folgt aus

$\cos \sphericalangle(g; h) = -\frac{8}{\sqrt{6}\,\sqrt{19}} \quad \sphericalangle(g; h) \approx 138{,}5°$

Als Lösung wird man aber den Ergänzungswinkel auf 180° angeben: $\varphi \approx 41{,}5°$.

Normalenvektor

DEFINITION Besondere Bedeutung erlangt die Skalarmultiplikation bei der Berechnung des Normalenvektors und bei Gleichungen, die den Normalenvektor verwenden. Unter einem Normalenvektor $\vec{n}$ versteht man einen Vektor, der auf einem anderen Vektor oder einer Geraden oder einer Ebene senkrecht steht, für den also gilt: $\vec{n} \perp \vec{v}$, $\vec{n} \perp g$, $\vec{n} \perp E$

Mit $\vec{n} = \begin{pmatrix} n_1 \\ n_2 \\ n_3 \end{pmatrix}$ und $\vec{v} = \begin{pmatrix} v_1 \\ v_2 \\ v_3 \end{pmatrix}$ folgt nach der Definition des Skalarprodukts aus $\vec{n} \perp \vec{v}$: $\vec{n} \circ \vec{v} = 0$, also

$$n_1 v_1 + n_2 v_2 + n_3 v_3 = 0$$

Außerdem gilt auch $\vec{n}^{\circ} \circ \vec{v}^{\circ} = 0$.

NORMALENVEKTOR IM $\mathbb{R}^2$ Für 2 Dimensionen reduziert sich die Forderung von oben auf:

$$\begin{pmatrix} n_1 \\ n_2 \end{pmatrix} \circ \begin{pmatrix} v_1 \\ v_2 \end{pmatrix} = n_1 v_1 + n_2 v_2 = 0.$$

Daraus lässt sich sofort ein möglicher Normalenvektor $\vec{n}$ zu $\vec{v}$ finden:

$\vec{n} = \begin{pmatrix} -v_2 \\ v_1 \end{pmatrix}$ denn dann gilt: $-v_2 \cdot v_1 + v_1 v_2 = 0$.

Ebenso wäre natürlich auch $\vec{n} = \begin{pmatrix} v_2 \\ -v_1 \end{pmatrix}$ als Normalenvektor zu $\vec{v}$ denkbar.

Andere Vektoren $\vec{v}'$ können nur kollineare Vektoren zu den vorgestellten $\vec{n}$ sein, wenn gelten soll: $\vec{v}' \perp \vec{v}$, denn in der Ebene gibt es zu einer vorgegebenen Richtung nur eine dazu senkrechte Richtung (allerdings zwei Orientierungen).

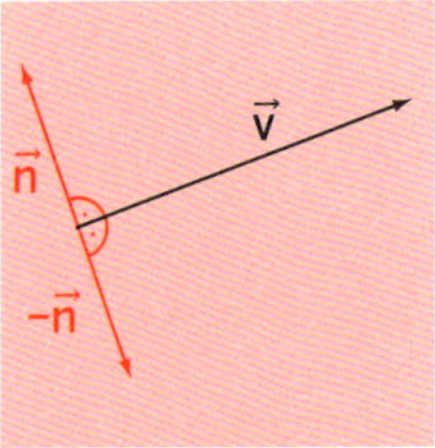

NORMALENVEKTOR IM $\mathbb{R}^3$ Im $\mathbb{R}^3$ kann die Forderung $\vec{n} \circ \vec{v} = 0$ durch unendlich viele $\vec{n}$ erfüllt werden. Alle möglichen $\vec{n}$ liegen in einer Ebene, auf der $\vec{v}$ senkrecht steht.

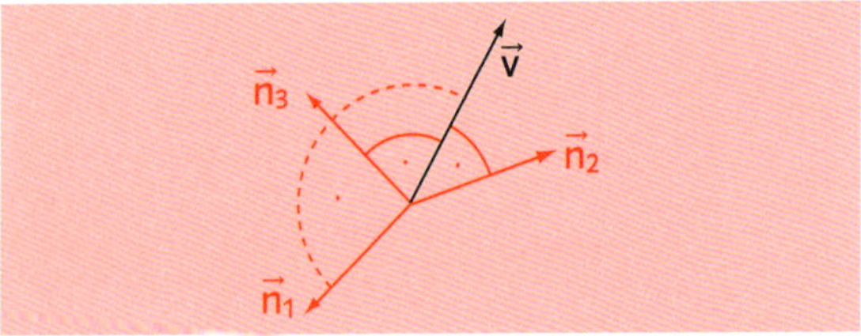

Andererseits gibt es zu zwei nicht-kollinearen Vektoren, z.B. die Richtungsvektoren $\vec{u}$ und $\vec{v}$ einer Ebene E nur eine Richtung (bei zwei Orientierungen), die auf beiden Vektoren senkrecht steht. Man spricht dann vom Normalenvektor $\vec{n}_E$, für den gelten muss:

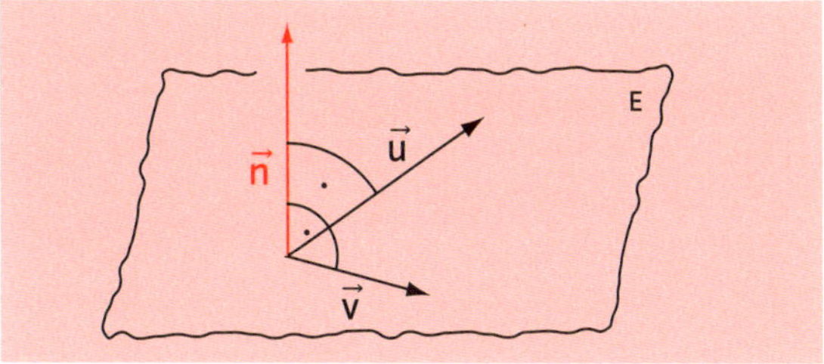

$$\vec{n}_E = \begin{pmatrix} n_1 \\ n_2 \\ n_3 \end{pmatrix} \quad \text{mit} \quad \begin{matrix} (1)\ n_1 u_1 + n_2 u_2 + n_3 u_3 = 0 \\ (2)\ n_1 v_1 + n_2 v_2 + n_3 v_3 = 0 \end{matrix}$$

Beispiel:
$\vec{u}_E$ und $\vec{v}_E$ seien die Richtungsvektoren der Ebene E:

$$\vec{u}_E = \begin{pmatrix} 1 \\ -1 \\ 2 \end{pmatrix}; \ \vec{v}_E = \begin{pmatrix} -1 \\ 2 \\ 1 \end{pmatrix}$$

$$\left.\begin{matrix} (1) & n_1 - n_2 + 2n_3 = 0 \\ (2) & -n_1 + 2n_2 + n_3 = 0 \end{matrix}\right\} \begin{matrix} (1) + (2){:}\ (3)\ n_2 = -3n_3 \\ \text{eingesetzt in (1)} \Rightarrow n_1 = -5n_3 \end{matrix}$$

Setzt man $n_3 = 1$ (dies kann ohne Gefahr geschehen, da hiermit nur die Länge von $\vec{n}$ festgelegt wird, nicht die Größenverhältnisse der $\vec{n}$-Koordinaten, also keinesfalls die Richtung von $\vec{n}$), so erhält man:

$n_1 = -5; \ n_2 = -3$, also $\vec{n}_E = \begin{pmatrix} -5 \\ -3 \\ 1 \end{pmatrix}$.

Probe: $\begin{pmatrix} -5 \\ -3 \\ 1 \end{pmatrix} \circ \begin{pmatrix} 1 \\ -1 \\ 2 \end{pmatrix} = -5 + 3 + 2 = 0 \Rightarrow \vec{n}_E \perp \vec{u}_E$

und $\begin{pmatrix} -5 \\ -3 \\ 1 \end{pmatrix} \circ \begin{pmatrix} -1 \\ 2 \\ 1 \end{pmatrix} = 5 - 6 + 1 = 0 \Rightarrow \vec{n}_E \perp \vec{v}_E$

Normalenformen einer Geradengleichung im $\mathbb{R}^2$

HESSE'SCHE NORMALENFORM (HNF) $g: \vec{x} = \vec{a} + \lambda \vec{u}_g$, da $\vec{n}_g \perp \vec{u}_g$ gilt auch $\vec{n}_g \perp \lambda \vec{u}_g$ für beliebigen Wert von λ. Da $\vec{x} - \vec{a} = \lambda \vec{u}_g$ folgt auch $\vec{n}_g \perp (\vec{x} - \vec{a})$,
also $\vec{n}_g \circ (\vec{x} - \vec{a}) = 0$.
Diese Form der Geradengleichung heißt (vektorielle) Normalenform (NF), verwendet man an der Stelle von $\vec{n}_g$ den entsprechenden Einheitsvektor $\vec{n}_g^{\circ}$, so heißt sie (vektorielle)

Hesse'sche Normalenform (HNF).
HNF: $\vec{n}_g^{\circ} \circ (\vec{x} - \vec{a}) = 0$

HNF$_g$

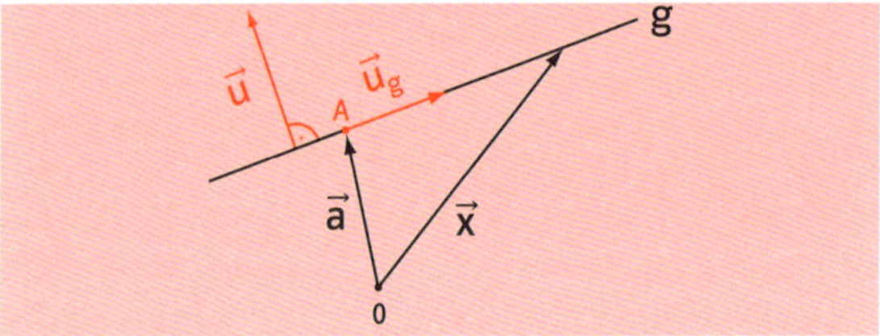

$g: \vec{x} = \binom{2}{-3} + \lambda \binom{-1}{2} \Rightarrow \text{NF}_g\text{:} \binom{2}{1} \circ \left[\vec{x} - \binom{2}{-3}\right] = 0$

bzw. HNF$_g$: $\frac{1}{\sqrt{5}} \binom{2}{1} \circ \left[x - \binom{2}{-3}\right] = 0$

NORMALENFORM IN KOORDINATENSCHREIBWEISE Die obigen, vektoriell geschriebenen Gleichungen lassen sich auch umschreiben

$$\binom{2}{1} \circ \left[\binom{x_1}{x_2} - \binom{2}{-3}\right] = \binom{2}{1} \circ \binom{x_1 - 2}{x_2 + 3} = 2x_1 + x_2 - 1 = 0$$

$\Rightarrow$ g: $2x_1 + x_2 - 1 = 0$, diese Form wird **Normalenform in Koordinatenschreibweise** genannt. Aus ihr lassen sich sofort die Koordinaten eines (möglichen) Normalenvektors zu g entnehmen, es sind dies die Faktoren (einschließlich der Vorzeichen) der Variablen x_1 und x_2, im Beispiel: $\vec{n}_g = \binom{2}{1}$.

Normalenformen einer Ebenengleichung im $\mathbb{R}^3$

HESSE'SCHE NORMALENFORM (HNF) E: $\vec{x} = \vec{a} + \lambda\vec{u} + \mu\vec{v}$
$\vec{n}_E$ stehe senkrecht auf $\vec{u}$ und $\vec{v}$, den Richtungsvektoren der Ebene E und damit auf jeder (Linear-) Kombination $\lambda\vec{u} + \mu\vec{v}$ ($\lambda, \mu \in \mathbb{R}$) dieser Vektoren.

HNF_E

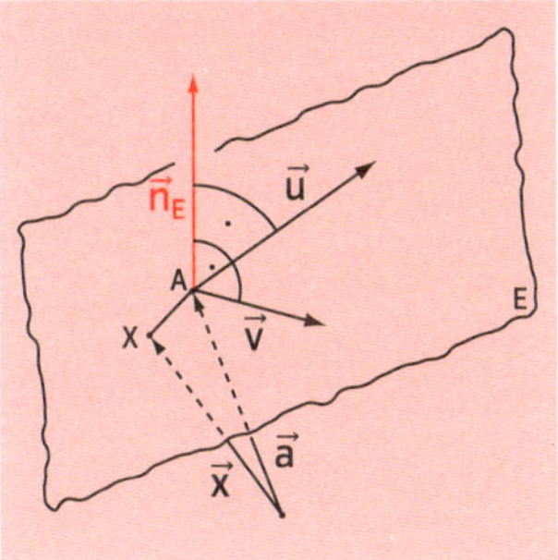

Da gilt
$\vec{x} - \vec{a} = \lambda\vec{u} + \mu\vec{v}$
folgt aus
$\vec{n}_E \perp (\lambda\vec{u} + \mu\vec{v})$ auch
$\vec{n}_E \perp (\vec{x} - \vec{a})$, also:
NF_E: $\vec{n}_E \circ (\vec{x} - \vec{a}) = 0$,
analog zur Normalenform für Geraden im $\mathbb{R}^2$.

Ebenso wie dort erhält man mit $\vec{n}_E^{\circ}$ die

Hesse'sche Normalenform: HNF_E: $\vec{n}_E^{\circ} \circ (\vec{x} - \vec{a}) = 0$

Beispiel:
E sei gegeben durch:

$$E: \vec{x} = \begin{pmatrix} 2 \\ 1 \\ -1 \end{pmatrix} + \lambda \begin{pmatrix} 1 \\ -1 \\ 2 \end{pmatrix} + \mu \begin{pmatrix} -1 \\ 2 \\ 1 \end{pmatrix}$$

nach Seite 185 ermittelt sich für $\vec{n}_E$: $\vec{n}_E = \begin{pmatrix} -5 \\ -3 \\ 1 \end{pmatrix}$,

woraus sich für die Normalenform ergibt:

$$NF_E: \begin{pmatrix} -5 \\ -3 \\ 1 \end{pmatrix} \circ \left[\vec{x} - \begin{pmatrix} 2 \\ 1 \\ -1 \end{pmatrix} \right] = 0$$

und mit

$$|\vec{n}_E| = \sqrt{35}: \text{ HNF}_E: \frac{1}{\sqrt{35}} \begin{pmatrix} -5 \\ -3 \\ 1 \end{pmatrix} \circ \left[\vec{x} - \begin{pmatrix} 2 \\ 1 \\ -1 \end{pmatrix} \right] = 0$$

PARAMETERFORM Analog zum Vorgehen bei den Geradengleichungen im $\mathbb{R}^2$ gewinnt man auch hier aus den Vektorgleichungen die entsprechenden Normalenformen in Koordinatenschreibweise. Es müssen lediglich die Skalarprodukte ausgerechnet werden.

$$\begin{pmatrix} -5 \\ -3 \\ 1 \end{pmatrix} \circ \begin{pmatrix} x_1 \\ x_2 \\ x_3 \end{pmatrix} - \begin{pmatrix} 2 \\ 1 \\ -1 \end{pmatrix} x_1 - 2 = 0 \Rightarrow \begin{pmatrix} -5 \\ -3 \\ 1 \end{pmatrix} \circ \begin{pmatrix} x_1 - 2 \\ x_2 - 1 \\ x_3 + 1 \end{pmatrix} = 0$$

$$\Rightarrow \quad -5x_1 - 3x_2 + x_3 + 10 + 3 + 1 = 0$$

$$\Rightarrow NF_E: \quad -5x_1 - 3x_2 + x_3 + 14 = 0$$

$$\text{bzw. HNF}_E: \quad \frac{-5x_1 - 3x_2 + x_3 + 14}{-\sqrt{35}} = 0$$

Anmerkung: Üblicherweise erhält der Nenner, d.h. der Betrag des Normalenvektors, in der obigen HNF-Darstellung das gegenteilige Vorzeichen des koordinatenfreien Teils im Zähler (hier „+“ bei 14).

Ein Vorteil dieser Koordinatenschreibweisen ist der leichtere algebraische Umgang, da eine lineare Gleichung vorliegt. Eine Rückübersetzung aus einer Normalenform in eine Parameterform ist nur vordergründig schwierig. Oft hilft folgende Setzung:

$x_1 = \lambda$ und $x_2 = \mu$, eingesetzt in NF_E

$\Rightarrow -5\lambda - 3\mu + x_3 + 14 = 0$

$\Rightarrow x_3 = -14 + 5\lambda + 3\mu$

$$\left.\begin{array}{ll} (1) & x_1 = \lambda \\ (2) & x_2 = \mu \\ (3) & x_3 = -14 + 5\lambda + 3\mu \end{array}\right\} \Rightarrow \left\{\begin{array}{l} x_1 = \quad 0 + 1\cdot\lambda + 0\cdot\mu \\ x_2 = \quad 0 + 0\cdot\lambda + 1\cdot\mu \\ x_3 = -14 + 5\cdot\lambda + 3\cdot\mu \end{array}\right.$$

daraus: $E\colon \vec{x} = \begin{pmatrix} 0 \\ 0 \\ -14 \end{pmatrix} + \lambda \begin{pmatrix} 1 \\ 0 \\ 5 \end{pmatrix} + \mu \begin{pmatrix} 0 \\ 1 \\ 3 \end{pmatrix}$

Lagebeziehungen von Geraden und Ebenen

Aufgrund der verschiedenen Darstellungsformen von Geraden- und Ebenengleichungen gibt es zu den bisher gezeigten Möglichkeiten weitere, die gegenseitigen Lagebeziehungen bzw. die Schnitte (oder Schnittmengen) zu ermitteln.

GERADE UND EBENE

Für die Ebene ist die Koordinatenschreibweise günstig (vgl. Seite 188):

$E\colon -5x_1 - 3x_2 + x_3 + 14 = 0$

$g\colon \vec{x} = \begin{pmatrix} 3 \\ -1 \\ 2 \end{pmatrix} + \sigma \begin{pmatrix} 2 \\ -1 \\ 1 \end{pmatrix}$ werde in E eingesetzt:

$-5(3 + 2\sigma) - 3(-1 - \sigma) + (2 + \sigma) + 14 = 0$

$\Rightarrow -6\sigma = -4 \Rightarrow \sigma = \frac{2}{3} \Rightarrow S\left(\frac{13}{3} \middle| -\frac{5}{3} \middle| \frac{8}{3}\right)$

EBENE UND EBENE

$E: -5x_1 - 3x_2 + x_3 + 14 = 0$

$F: \vec{x} = \begin{pmatrix} 3 \\ -1 \\ 2 \end{pmatrix} + \sigma \begin{pmatrix} 1 \\ 3 \\ 2 \end{pmatrix} + \tau \begin{pmatrix} 2 \\ -1 \\ 3 \end{pmatrix}$

F wird in E eingesetzt

$-5(3 + \sigma + 2\tau) - 3(-1 + 3\sigma - \tau) + (2 + 2\sigma + 3\tau) + 14 = 0$

$\Rightarrow -12\sigma - 4\tau + 4 = 0$

$\Rightarrow \tau = 1 - 3\sigma$ eingesetzt in F

$$\vec{x} = \begin{pmatrix} 3 \\ -1 \\ 2 \end{pmatrix} + \sigma \begin{pmatrix} 1 \\ 3 \\ 2 \end{pmatrix} + (1 - 3\sigma) \begin{pmatrix} 2 \\ -1 \\ 3 \end{pmatrix} \quad \Rightarrow \quad \vec{x} = \begin{pmatrix} 5 \\ -2 \\ 5 \end{pmatrix} + \sigma \begin{pmatrix} -5 \\ 6 \\ -7 \end{pmatrix}$$

Damit erhält man eine Parametergleichung mit nur mehr einem Parameter, also eine Geradengleichung. Es ist die (Parameter-)Gleichung der Schnittgeraden der Ebene E und F.

Sind beide Ebenen in Normalenform gegeben, so sollte man eine Ebenengleichung vorher in Parameterform verwandeln, um dann mit dieser Methode fortfahren zu können. Trotzdem sei gezeigt, wie man auch mit zwei Normalformen zum Ziel kommt.

$E: -5x_1 - 3x_2 + x_3 + 14 = 0$ und

$F: 11x_1 + x_2 - 7x_3 - 18 = 0$

x_1 sei λ': (1) $-5\lambda' - 3x_2 + x_3 + 14 = 0$ (aus E)

(2) $11\lambda' + x_2 - 7x_3 - 18 = 0$ (aus F)

(1) + 3(2): (4) $28\lambda' - 20x_3 - 40 = 0$

$\Rightarrow$ (4) $x_3 = \frac{7}{5}\lambda' - 2$

7(1) + (2): (5) $-24\lambda' - 20x_2 + 80 = 0$

$\Rightarrow$ (5) $x_2 = -\frac{6}{5}\lambda' + 4$

Die Parametergleichung für die Schnittgerade s braucht jetzt nur noch aus $x_1 = \lambda'$, (4) und (5) zusammengebaut werden:

$$s: \vec{x} = \begin{pmatrix} 0 \\ 4 \\ -2 \end{pmatrix} + \lambda' \begin{pmatrix} 1 \\ -\frac{6}{5} \\ \frac{7}{5} \end{pmatrix} \quad \text{bzw.} \quad s: \vec{x} = \begin{pmatrix} 0 \\ 4 \\ -2 \end{pmatrix} + \lambda \begin{pmatrix} 5 \\ -6 \\ 7 \end{pmatrix}$$

Lotgeraden

LOTGERADE AUF EINER EBENE DURCH EINEN PUNKT

Da $\vec{u}_l = \sigma \vec{n}_E$ gilt für $\sigma = 1$:

l: $\vec{x} = \overrightarrow{OP} + \lambda \vec{n}_E$

(liegt $\vec{n}_E$ bereits „gekürzt" vor, ist $\sigma = 1$ die beste Wahl)

E: $-5x_1 - 3x_2 + x_3 + 14 = 0$

$P(9|12|-3)$

$$\Rightarrow \; l: \vec{x} = \begin{pmatrix} 9 \\ 12 \\ -3 \end{pmatrix} + \lambda \begin{pmatrix} -5 \\ -3 \\ 1 \end{pmatrix}; \lambda \in \mathbb{R}$$

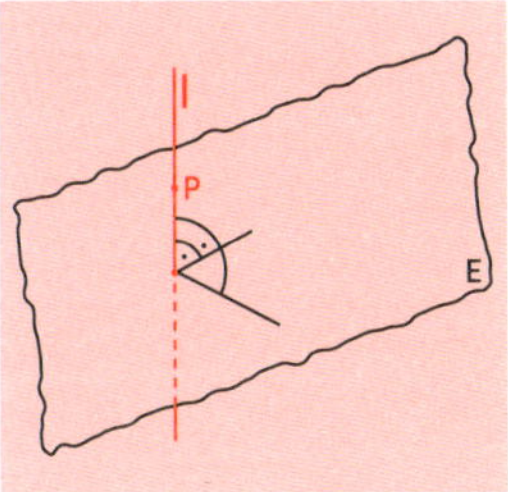

Hierbei ist es unwesentlich, ob $P \in E$ oder $P \notin E$.

LOTGERADE AUF EINER GERADE DURCH EINEN PUNKT

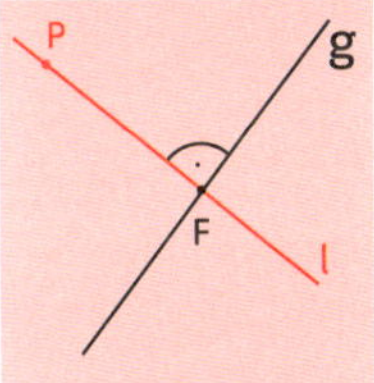

l ≡ L (in Seitenansicht)

Man konstruiert eine Ebene L, die P enthält und von g senkrecht geschnitten wird. Der Schnittpunkt sei F.

l ergibt sich dann aus P und der Richtung $\overrightarrow{PF}$.

$$g: \vec{x} = \begin{pmatrix} 0 \\ 1 \\ 3 \end{pmatrix} + \mu \begin{pmatrix} -1 \\ 1 \\ -2 \end{pmatrix}; \quad P(3|0|4)$$

$\Rightarrow$ L: $-x_1 + x_2 - 2x_3 + x_0 = 0$
da $P \in L$: $-3 + 0 - 8 + x_0 = 0 \Rightarrow x_0 = 11$
$\Rightarrow$ L: $-x_1 + x_2 - 2x_3 + 11 = 0$
L heißt Lotebene zu g durch P
g in L: $\mu + 1 + \mu - 6 + 4\mu + 11 = 0 \Rightarrow \mu = -1$

$$\Rightarrow F(1|0|5) \Rightarrow \overrightarrow{PF} = \begin{pmatrix} -2 \\ 0 \\ 1 \end{pmatrix} \Rightarrow l: \vec{x} = \begin{pmatrix} 3 \\ 0 \\ 4 \end{pmatrix} + \lambda \begin{pmatrix} -2 \\ 0 \\ 1 \end{pmatrix}$$

Winkel zwischen Gerade und Ebene

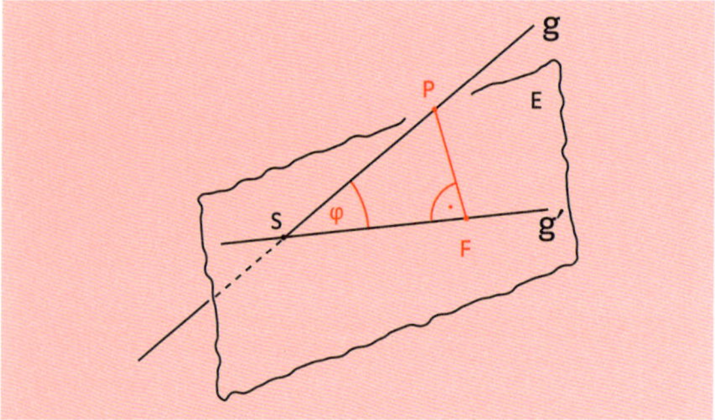

Unter dem Winkel φ zwischen einer Geraden g und einer Ebene E versteht man den kleinsten Winkel, der zwischen einer Geraden der Ebene E und g auftauchen kann. Es ist dies der Winkel zwischen g und derjenigen Geraden g', die den Schnittpunkt S mit dem Fußpunkt F des Lotes auf E durch einen beliebigen Punkt von g verbindet.

Beispiel:

$E: -5x_1 - 3x_2 + x_3 + 14 = 0$

$g: \vec{x} = \begin{pmatrix} 3 \\ -1 \\ 2 \end{pmatrix} + \sigma \begin{pmatrix} 2 \\ -1 \\ 1 \end{pmatrix}$ (vgl. Seite 189)

S ergibt sich zu $S\left(\frac{13}{3} \middle| -\frac{5}{3} \middle| \frac{8}{3}\right)$

σ sei gewählt mit $\sigma = \frac{13}{2} \Rightarrow P\left(16 \middle| -\frac{15}{2} \middle| \frac{17}{2}\right)$

$\Rightarrow (P \in l; \vec{u}_\varnothing = \vec{n}_E)$: $l: \vec{x} = \begin{pmatrix} 16 \\ -\frac{15}{2} \\ \frac{17}{2} \end{pmatrix} + \lambda \begin{pmatrix} -5 \\ -3 \\ 1 \end{pmatrix}$

l in E: Punkt F

$-5(16 - 5\lambda) - 3\left(-\frac{15}{2} - 3\lambda\right) + \left(\frac{17}{2} + \lambda\right) + 14 = 0$

$\Rightarrow 35\lambda - 80 + \frac{45}{2} + \frac{17}{2} + 14 = 0 \Rightarrow 35\lambda = 35 \Rightarrow \lambda = 1$

Somit ist der Schnittpunkt F des Lotes l auf die Ebene E durch den Punkt P mit $F\left(11 \middle| -\frac{21}{2} \middle| \frac{19}{2}\right)$ gegeben.
F heißt auch **Lotfußpunkt**.

Damit lässt sich $\overrightarrow{SF}$ errechnen:

$$\overrightarrow{SF} = \begin{pmatrix} 11 - \frac{13}{3} \\ -\frac{21}{2} + \frac{5}{3} \\ \frac{19}{2} - \frac{8}{3} \end{pmatrix} = \frac{1}{6}\begin{pmatrix} 66 - 26 \\ -63 + 10 \\ 57 - 16 \end{pmatrix} = \frac{1}{6}\begin{pmatrix} 40 \\ -53 \\ 41 \end{pmatrix}$$

Nach den Regeln des Skalarprodukts folgt:

$$\cos\varphi = \overrightarrow{SF}^\circ \circ \vec{u}_g = \frac{80 + 53 + 41}{\sqrt{40^2 + (-53)^2 + 41^2} \cdot \sqrt{6}}$$

$$\approx 0{,}910 \Rightarrow \varphi \approx 24{,}46°$$

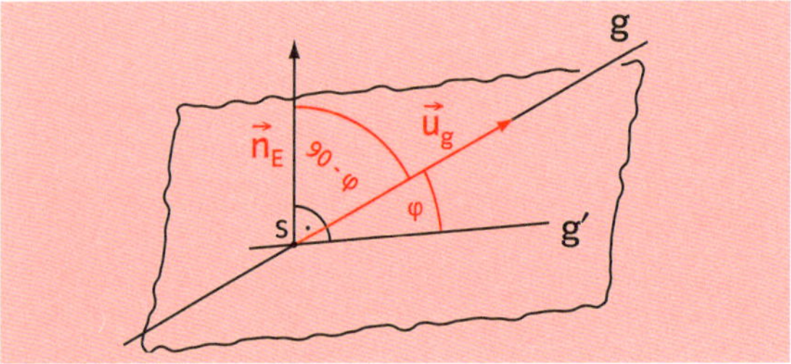

Ein schnellerer Weg, der die unter Umständen schwierige Ermittlung des Lotfußpunktes F umgeht, verwendet den Normalenvektor der Ebene.

Für den Winkel $90° - \varphi$ gilt (nach Skalarprodukt):
$\cos(90° - \varphi) = \vec{u}_g^{\,\circ} \circ \vec{n}_E^{\,\circ}$, damit:

$$\cos(90° - \varphi) = \frac{1}{\sqrt{6}}\begin{pmatrix}2\\-1\\1\end{pmatrix} \circ \frac{1}{\sqrt{35}}\begin{pmatrix}-5\\-3\\1\end{pmatrix} = \frac{-6}{\sqrt{6}\cdot\sqrt{35}}$$

Für $90° - \varphi$ würde sich daraus 114,46° ergeben. Da dieser Winkel über 90° liegt, ist die Ergänzung auf 180° das richtige Resultat, also 65,54° für $90° - \varphi$, damit $\varphi \approx 24{,}46°$.
Noch etwas schneller ist man, wenn man die Beziehung $\cos(90° - \varphi) = \sin\varphi$ verwendet, also ansetzt:
$\sin\varphi = \vec{u}_g^{\,\circ} \circ \vec{n}_E^{\,\circ}$ bzw. um sofort den Schnittwinkel (kleiner 90°) zu erhalten: $\sin\varphi = |\vec{u}_g^{\,\circ} \circ \vec{n}_E^{\,\circ}|$

Abstandsbestimmungen

Bei Bestimmungen von Abständen zwischen einem Punkt und einer Geraden oder zwischen einem Punkt und einer Ebene oder zwischen Geraden und Ebenen werden häufig Lotgeraden und Lotebenen verwendet. Meist dienen sie dazu, Koordinaten bestimmter Punkte zu ermitteln, womit man dann über die bekannte Abstandsformel die wahren Abstände errechnet. Oft ist dieser Weg jedoch sehr rechenaufwändig. Die Hesse'sche Normalenform bietet für den Abstand d eines Punktes P von einer Geraden g (im $\mathbb{R}^2$) bzw. von einer Ebene E (im $\mathbb{R}^3$) folgende Formel:

Mit $g\colon \vec{n}_g^{\circ} \circ (\vec{x} - \vec{a}) = 0$ (im $\mathbb{R}^2$) / $E\colon \vec{n}_E^{\circ} \circ (\vec{x} - \vec{a}) = 0$ (im $\mathbb{R}^3$) erhält man ($\overrightarrow{PO} = \vec{p}$):

$$d(P; g) = \vec{n}_g^{\circ} \circ (\vec{p} - \vec{a}) \qquad d(P; E) = \vec{n}_E^{\circ} \circ (\vec{p} - \vec{a})$$

oder in Koordinatenform:

$$d\,(P; g) = \frac{n_1 x_1 + n_2 x_2 + n_0}{-\operatorname{sgn} n_0 \cdot \sqrt{n_1^2 + n_2^2}} \quad \text{bzw.}$$

$$d\,(P; E) = \frac{n_1 x_1 + n_2 x_2 + n_3 x_3 + n_0}{-\operatorname{sgn} n_0 \cdot \sqrt{n_1^2 + n_2^2 + n_3^2}}$$

Ergibt sich $d > 0$, so liegen P und der Ursprung des Koordinatensystems in verschiedenen Halbebenen bezüglich g bzw. in verschiedenen Halbräumen bezüglich E. Für $d < 0$ liegen P und 0 in der gleichen Halbebene bzw. im gleichen Halbraum.

ABSTAND EINES PUNKTES VON EINER GERADE IM $\mathbb{R}^2$

HNF_g: $\frac{1}{\sqrt{5}}\binom{2}{1} \circ \left[\vec{x} - \binom{2}{-3}\right] = 0$

Welchen Abstand hat $P(3\,|\,1)$ von g?

$$d(P;\,g) = \frac{1}{\sqrt{5}}\binom{2}{1} \circ \left[\binom{3}{1} - \binom{2}{-3}\right]$$

$$= \frac{1}{\sqrt{5}}\binom{2}{1} \circ \binom{1}{4} = \frac{6}{\sqrt{5}} = \frac{6\sqrt{5}}{5} \approx 2{,}68$$

P ist rund 2,68 Längeneinheiten von g entfernt und liegt nicht auf der gleichen Seite bezüglich g wie 0.

ABSTAND EINES PUNKTES VON EINER EBENE IM $\mathbb{R}^3$

HNF_E: $\frac{1}{\sqrt{35}}\begin{pmatrix}-5\\-3\\1\end{pmatrix} \circ \left[\vec{x} - \begin{pmatrix}2\\1\\-1\end{pmatrix}\right] = 0$

Welchen Abstand hat $P(9\,|\,12\,|\,-3)$ von E? (vgl. Seite 192)

$$d(P;\,E) = \frac{1}{\sqrt{35}}\begin{pmatrix}-5\\-3\\1\end{pmatrix} \circ \begin{pmatrix}9-2\\12-1\\-3+1\end{pmatrix} = \frac{1}{\sqrt{35}}\begin{pmatrix}-5\\-3\\1\end{pmatrix} \circ \begin{pmatrix}7\\11\\-2\end{pmatrix}$$

$$= \frac{-70}{\sqrt{35}} = -2\sqrt{35} \approx -11{,}83$$

P ist rund 11,83 Längeneinheiten von E entfernt und liegt bezüglich E im gleichen Halbraum wie 0.

ABSTAND ZWEIER PARALLELER GERADEN Man nimmt einen Punkt P der einen Geraden und bestimmt dessen Abstand zur anderen Geraden nach oben.

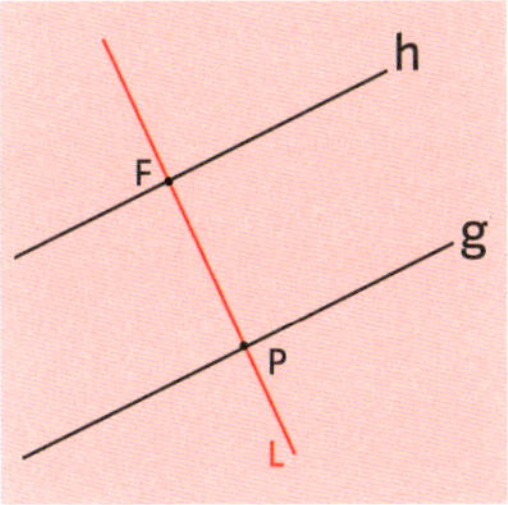

Hier ist der Punkt F auf h zu ermitteln, der als Schnitt einer Lotebene L zu g (und h) durch $P \in g$ auftritt (vgl. Seite 191).
Anschließend bestimmt man $|\overrightarrow{PF}| = d(g; h)$.

$g: \vec{x} = \begin{pmatrix} 3 \\ -1 \\ 2 \end{pmatrix} + \sigma \begin{pmatrix} 2 \\ -1 \\ 1 \end{pmatrix}$; $P(1|0|1)$ $\qquad h: \vec{x} = \begin{pmatrix} 6 \\ 1 \\ 4 \end{pmatrix} + \tau \begin{pmatrix} 2 \\ -1 \\ 1 \end{pmatrix}$

L-Berechnung: $2x_1 - x_2 + x_3 + n_0 = 0$
da $P \in L$: $2 - 0 + 1 + n_0 = 0 \Rightarrow n_0 = -3$
$\Rightarrow L: 2x_1 - x_2 + x_3 - 3 = 0$

h in L: $2(6 + 2\tau) - (1 - \tau) + (4 + \tau) - 3 = 0$
$\Rightarrow 6\tau + 12 = 0 \Rightarrow \tau = -2$
$\Rightarrow F(2|3|2)$
$\Rightarrow |\overrightarrow{PF}|^2 = 1^2 + 3^2 + 1^2$
$\Rightarrow |\overrightarrow{PF}| = d(g; h) = \sqrt{11} \approx 3{,}32$ L.E.

ABSTAND ZWEIER WINDSCHIEFER GERADEN

Will man nur den Abstand d zweier zueinander windschiefer Geraden wissen, dann konstruiert man zunächst eine Ebene E, in der eine Gerade (z. B. g) ganz liegt und deren zweite Richtung durch die zweite Gerade (hier h) vorgegeben wird.

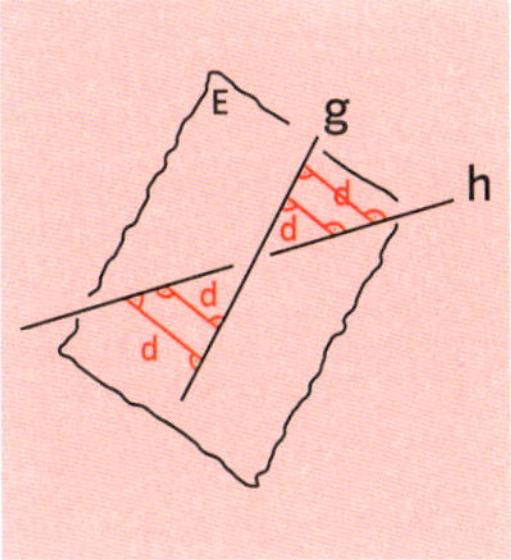

E: $E(g; \vec{u}_h)$. Jeder Punkt von h hat dann von E den Abstand d, den auch die einander nächstgelegenen Punkte $G \in g$ und $H \in h$ haben.

$$g: \vec{x} = \begin{pmatrix} 2 \\ 3 \\ -1 \end{pmatrix} + \lambda \begin{pmatrix} 1 \\ -1 \\ 2 \end{pmatrix}; \qquad h: \vec{x} = \begin{pmatrix} 1 \\ 2 \\ -3 \end{pmatrix} + \mu \begin{pmatrix} 1 \\ 3 \\ -3 \end{pmatrix}$$

$$E(g; \vec{u}_h): \vec{x} = \begin{pmatrix} 2 \\ 3 \\ -1 \end{pmatrix} + \lambda \begin{pmatrix} 1 \\ -1 \\ 2 \end{pmatrix} + \mu \begin{pmatrix} 1 \\ 3 \\ -3 \end{pmatrix}$$

Umwandlung in Normalenform:

$$\left.\begin{array}{l} (1)\ n_1 - n_2 + 2n_3 = 0 \\ (2)\ n_1 + 3n_2 - 3n_3 = 0 \end{array}\right\} (1)-(2){:}\ (3)\ -4n_2 + 5n_3 = 0$$

für $n_3 = 4$ ergibt sich aus (3) $n_2 = 5$
eingesetzt in (1) folgt: $n_1 = -3$

$$\Rightarrow \vec{n}_E = \begin{pmatrix} -3 \\ 5 \\ 4 \end{pmatrix} \Rightarrow \text{HNF}_E\ \frac{1}{\sqrt{50}} \begin{pmatrix} -3 \\ 5 \\ 4 \end{pmatrix} \circ \left[\vec{x} - \begin{pmatrix} 2 \\ 3 \\ -1 \end{pmatrix}\right] = 0$$

$\Rightarrow$ mit $P \in h$

$$d(P; E) = \frac{1}{\sqrt{50}} \begin{pmatrix} -3 \\ 5 \\ 4 \end{pmatrix} \circ \left[\begin{pmatrix} 1 \\ 2 \\ -3 \end{pmatrix} - \begin{pmatrix} 2 \\ 3 \\ -1 \end{pmatrix}\right] = \frac{1}{\sqrt{50}} \begin{pmatrix} -3 \\ 5 \\ 4 \end{pmatrix} \circ \begin{pmatrix} -1 \\ -1 \\ -2 \end{pmatrix}$$

$$= \frac{1}{\sqrt{50}}(-10) = -\sqrt{2}$$

Der Abstand der beiden zueinander windschiefen Geraden g und h beträgt rund 1,41 Längeneinheiten.

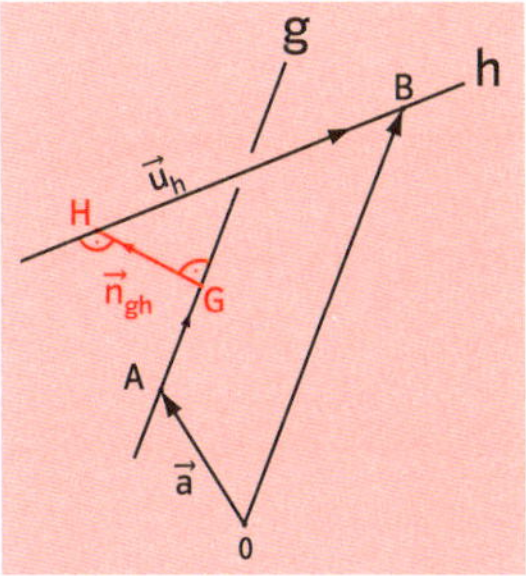

Ein etwas umständlicher Weg der Abstandsermittlung bei windschiefen Geraden erfolgt über eine geschlossene Vektorkette. Man hat aber dabei den Vorteil, die Koordinaten der beiden Fußpunkte (G und H) des gemeinsamen Lotes zu erhalten, also genau diese Punkte, die die kürzeste Entfernung zwischen den Geraden (g und h) haben. A und B seien die Stützpunkte von g und h; $\vec{n}_{gh}$ stehe senkrecht auf $\vec{u}_g$ und senkrecht auf $\vec{u}_h$ (vgl. Seite 198). Es lässt sich folgender geschlossener Vektorzug aufbauen:

$\overrightarrow{OA} + \overrightarrow{AG} + \overrightarrow{GH} + \overrightarrow{HB} + \overrightarrow{BO} = \vec{0}$ bzw.

$\vec{a} + \lambda_G \vec{u}_g + \sigma \vec{n}_{gh} + \mu_H \vec{u}_h - \vec{b} = \vec{0}$

in Koordinaten:

$$\begin{pmatrix} 2 \\ 3 \\ -1 \end{pmatrix} + \lambda_G \begin{pmatrix} 1 \\ -1 \\ 2 \end{pmatrix} + \sigma \begin{pmatrix} -3 \\ 5 \\ 4 \end{pmatrix} + \mu_H \begin{pmatrix} 1 \\ 3 \\ -3 \end{pmatrix} + \begin{pmatrix} -1 \\ -2 \\ 3 \end{pmatrix} = \begin{pmatrix} 0 \\ 0 \\ 0 \end{pmatrix}$$

woraus sich 3 Gleichungen mit 3 Unbekannten ergeben:

$$\begin{array}{ll} (1) & \lambda_G - 3\sigma + \mu_H + 1 = 0 \\ (2) & -\lambda_G + 5\sigma + 3\mu_H + 1 = 0 \\ (3) & 2\lambda_G + 4\sigma - 3\mu_H + 2 = 0 \end{array} \quad \begin{array}{l} \textbf{(1) + (2): (4)} \\ 2\sigma + 4\mu_H + 2 = 0 \\ \textbf{2(2) + (3): (5)} \\ 14\sigma + 3\mu_H + 4 = 0 \end{array}$$

$$\textbf{3(4) − 4(5):}\; -50\sigma - 10 = 0 \;\Rightarrow\; \sigma = -\tfrac{1}{5}$$

$$\Rightarrow\; \mu_H = -\tfrac{2}{5};\; \lambda_G = -\tfrac{6}{5}$$

$$\overrightarrow{OG} = \overrightarrow{OA} + \lambda_G \vec{u}_g \Rightarrow G\left(\frac{4}{5}\middle|\frac{21}{5}\middle|-\frac{17}{5}\right)$$

$$\overrightarrow{OH} = \overrightarrow{OB} - \mu_H \vec{u}_h \Rightarrow H\left(\frac{7}{5}\middle|\frac{16}{5}\middle|-\frac{21}{5}\right)$$

$$\overrightarrow{GH} = \frac{1}{5}\begin{pmatrix} 3 \\ -5 \\ -4 \end{pmatrix} \Rightarrow |\overrightarrow{GH}| = \frac{1}{5}\sqrt{50} = \sqrt{2}$$

ABSTAND ZWEIER ZUEINANDER PARALLELER EBENEN

In einem beliebigen Punkt S der einen Ebene (z.B. E) wird die Lotgerade l errichtet.
l schneidet die zweite Ebene (hier F) im Punkt T. $\overline{ST}$ ist der gesuchte Abstand.

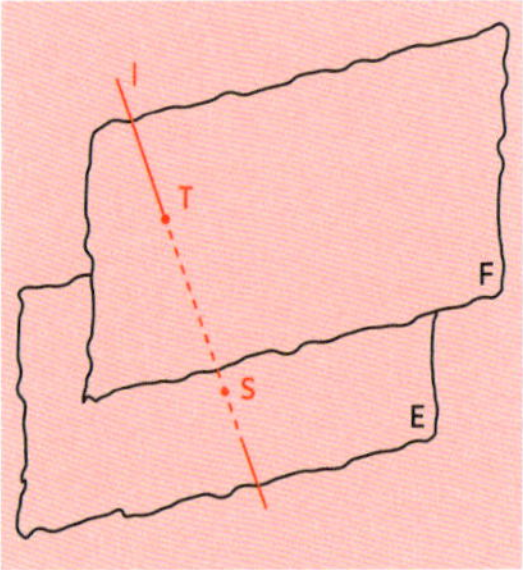

Alternative: Aus der Hesse'schen Normalenform lassen sich die jeweiligen Abstände des Koordinatenursprungs von den beiden Ebenen entnehmen.

Unter Beachtung der Lage des Nullpunktes in den Halbräumen wird dann der Abstand ermittelt.

Winkel zwischen zwei Ebenen

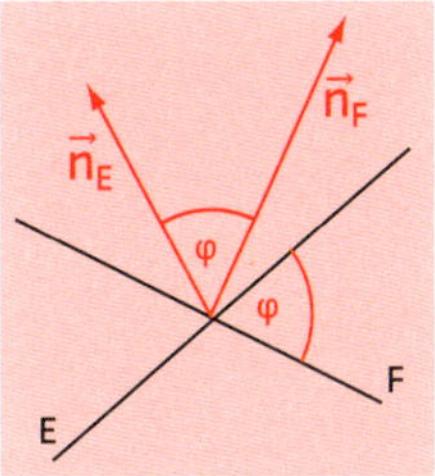

Der Winkel φ zwischen zwei Ebenen ist kongruent zum Winkel zwischen den zu den Ebenen gehörenden Normalvektoren.

$\cos \varphi\,(E; F) = \cos \varphi\,(\vec{n}_E; \vec{n}_F)$

$= |\vec{n}_E^{\circ} \circ \vec{n}_F^{\circ}|$

(E- und F-Daten vgl. Seite 190).

$\vec{n}_E = \begin{pmatrix} -5 \\ -3 \\ 1 \end{pmatrix}; \quad \vec{n}_F = \begin{pmatrix} 11 \\ 1 \\ -7 \end{pmatrix}$

$|\vec{n}_E^{\circ} \circ \vec{n}_F^{\circ}| = \frac{1}{\sqrt{35}} \cdot \frac{1}{\sqrt{171}} \, |(-55 - 3 - 7)| \;\Rightarrow\; \varphi \approx 32{,}8°$

Es sind die beim Schnittwinkel von Geraden erklärten Regeln zu beachten (z. B. Ergänzungswinkel), außerdem gilt natürlich:

$E \perp F$ falls $\vec{n}_E \circ \vec{u}_F = 0$ bzw. $\vec{n}_E^{\circ} \circ \vec{u}_F^{\circ} = 0$.

Winkelhalbierende Geraden und Ebenen

Die Richtungsvektoren der winkelhalbierenden Geraden ergeben sich aus der Summe bzw. Differenz der Einheitsvektoren in Richtung von g und h.

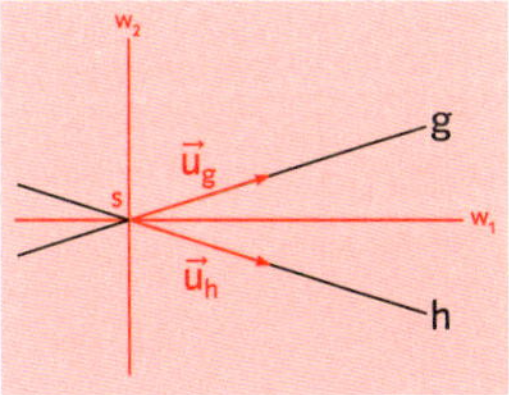

$w_1\colon\ \vec{x} = \overrightarrow{OS} + \sigma(\vec{u}_g^{\circ} + \vec{u}_h^{\circ}) \qquad w_2\colon\ \vec{x} = \overrightarrow{OS} + \tau(\vec{u}_g^{\circ} - \vec{u}_h^{\circ})$

w_1 steht senkrecht auf w_2,

da $(\vec{u}_g^\circ + \vec{u}_h^\circ) \circ (\vec{u}_g^\circ - \vec{u}_h^\circ) = \vec{u}_g^\circ \circ \vec{u}_g^\circ - \vec{u}_h^\circ \circ \vec{u}_h^\circ = 1 - 1 = 0$

$\Rightarrow (\vec{u}_g^\circ + \vec{u}_h^\circ) \perp (\vec{u}_g^\circ - \vec{u}_h^\circ) \Rightarrow w_1 \perp w_2$

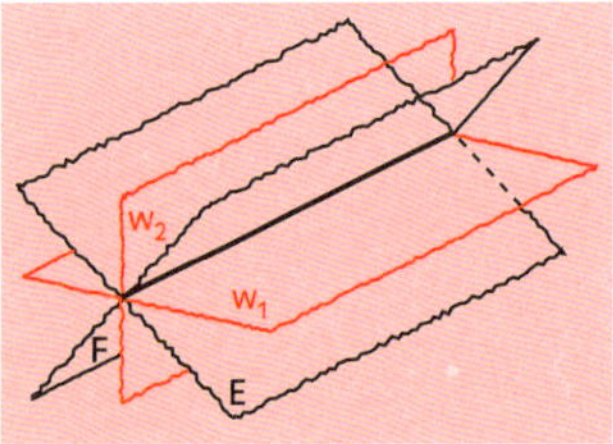

Die Gleichungen winkelhalbierender Ebenen erhält man durch Addition bzw. Subtraktion der HNF der Ausgangsebenen.

Aus HNF_E: $\frac{1}{\sqrt{35}} \begin{pmatrix} -5 \\ 3 \\ 1 \end{pmatrix} \circ \left[\vec{x} - \begin{pmatrix} 2 \\ 1 \\ -1 \end{pmatrix} \right] = 0$ und

HNF_F: $\frac{1}{\sqrt{171}} \begin{pmatrix} 11 \\ 1 \\ -7 \end{pmatrix} \circ \left[\vec{x} - \begin{pmatrix} 3 \\ -1 \\ 2 \end{pmatrix} \right] = 0$ folgt

$$w_{1/2}: \frac{1}{\sqrt{35}} \begin{pmatrix} -5 \\ 3 \\ 1 \end{pmatrix} \circ \left[\vec{x} - \begin{pmatrix} 2 \\ 1 \\ -1 \end{pmatrix} \right] \pm \frac{1}{\sqrt{171}} \begin{pmatrix} 11 \\ 1 \\ -7 \end{pmatrix} \circ \left[\vec{x} - \begin{pmatrix} 3 \\ -1 \\ 2 \end{pmatrix} \right] = 0$$

bzw. einfacher über die Koordinatenform:

$$w_{1/2}: \frac{-5x_1 - 3x_2 + x_3 + 14}{-\sqrt{35}} \pm \frac{-11x_1 + x_2 - 7x_3 - 18}{\sqrt{171}} = 0$$

Analytische Geometrie und Lineare Algebra

Projektionen und Spiegelungen

QUICK-FINDER

Projektionen von Punkten und Vektoren

PROJEKTION EINES PUNKTES AUF EINE GERADE

(Projektionsrichtung: $\vec{v}$)

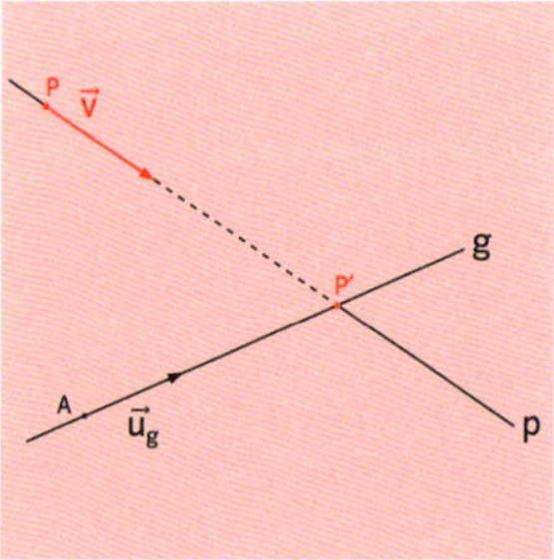

P' existiert nur dann, wenn bei $P \notin g$ die Vektoren $\overrightarrow{AP}$; $\vec{u}_g$ und $\vec{v}$ linear abhängig sind und $\vec{u}_g$ und $\vec{v}$ nicht kollinear sind. P' ergibt sich als Schnittpunkt der Geraden p durch P und der Richtung $\vec{v}$ mit der Geraden g.

$$g\colon \vec{x} = \begin{pmatrix} 1 \\ 2 \\ -1 \end{pmatrix} + \lambda \begin{pmatrix} 2 \\ 2 \\ 1 \end{pmatrix};\ P(2|1|0);\ \vec{v} = \begin{pmatrix} -1 \\ 1 \\ -1 \end{pmatrix}$$

$$p = g\colon \begin{pmatrix} 2 \\ 1 \\ 0 \end{pmatrix} + \mu \begin{pmatrix} -1 \\ 1 \\ -1 \end{pmatrix} = \begin{pmatrix} 1 \\ 2 \\ -1 \end{pmatrix} + \lambda \begin{pmatrix} 2 \\ 2 \\ 1 \end{pmatrix}$$

$$\left.\begin{array}{ll} (1) & -\mu = -1 + 2\lambda \\ (2) & \ \ \mu = \ \ 1 + 2\lambda \\ (3) & -\mu = -1 + \lambda \end{array}\right\} \begin{array}{l} \lambda = 0 \\ \lambda = 0 \end{array} \Bigg\}\ \mu = 1$$

$\Rightarrow P'(1|2|-1)$, zufälligerweise gilt $A \equiv P'$.

Anmerkung:
Im $\mathbb{R}^2$ genügt bei $P \notin g$ die Forderung $\vec{u}_g \neq \sigma\vec{v}$.

PROJEKTION EINES PUNKTES AUF EINE EBENE
(Projektionsrichtung: $\vec{v}$)

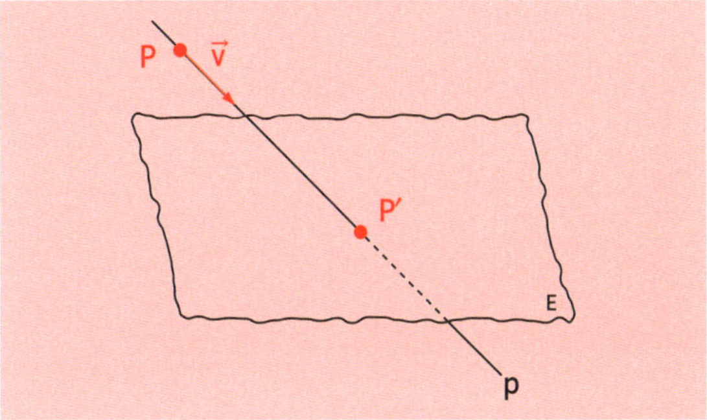

Damit bei $P \notin E$ ein P' existiert, ist die lineare Unabhängigkeit der Vektoren $\vec{u}_E$, $\vec{v}_E$ und $\vec{v}$ vorauszusetzen, also $\det\{\vec{u}_E, \vec{v}_E, \vec{v}\} \neq 0$.

P' ergibt sich als Schnittpunkt der Ebene E mit der Geraden p, die durch P und $\vec{v}$ festgelegt ist. Es handelt sich hier also im Kern um eine Schnittpunktbestimmung bei Gerade und Ebene.

PROJEKTION EINER PUNKTFIGUR AUF EINE EBENE Das Bild der Punktfigur muss meist Punkt für Punkt ermittelt werden. Je nach gegenseitiger Ausrichtung von Ebene E und der zu projezierenden Figur erscheint die Bildfigur mehr oder weniger verzerrt.

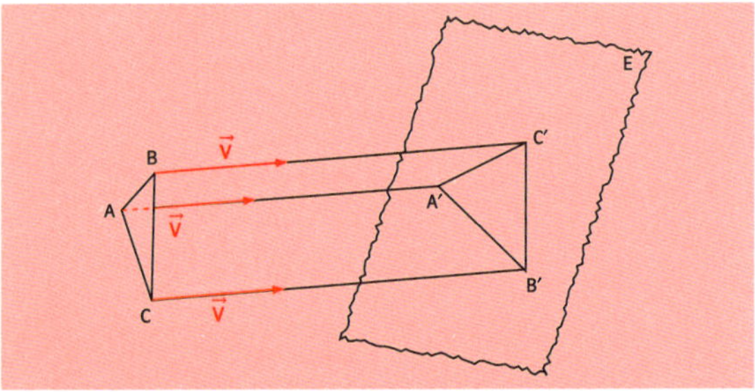

PROJEKTION EINES VEKTORS AUF EINEN VEKTOR

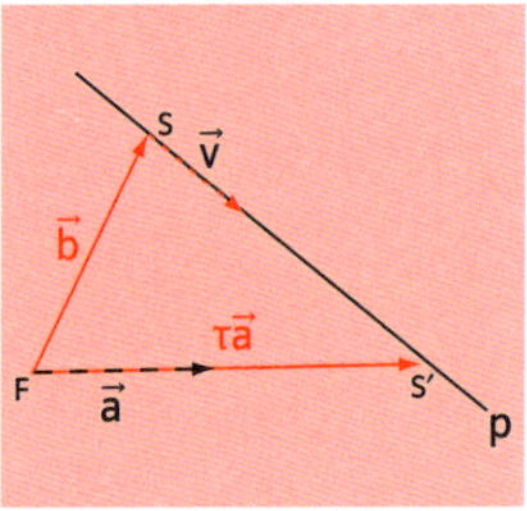

Im allgemeinen Fall verfährt man mit der Spitze S des Vektors $\vec{b}$ wie mit dem Punkt P oben. Um S' zu erhalten, schneidet man also die Projektionsgerade p durch S (Richtung $\vec{v}$) mit der Geraden durch F (Richtung $\vec{a}$).

$\overrightarrow{FS'}$ heißt Projektion des Vektors $\vec{b}$ auf $\vec{a}$ mit der Projektionsrichtung $\vec{v}$. Für $\overrightarrow{FS'}$ gilt auch: $\vec{b}_a = \overrightarrow{FS'} = \sigma\vec{a}$ $(\sigma \in R)$

SENKRECHTE PROJEKTION AUF EINE EBENE

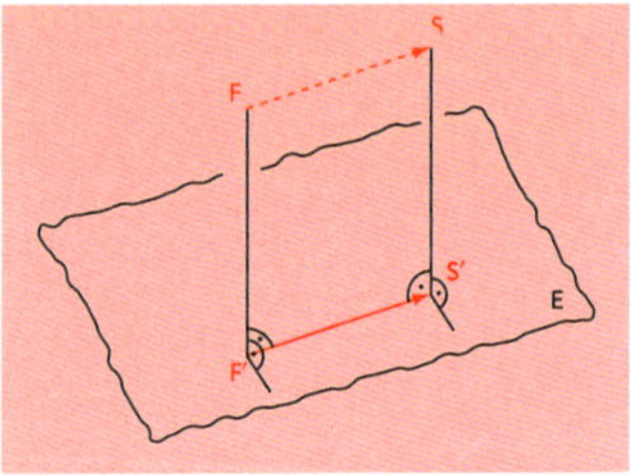

F' und S' sind die entsprechenden Schnittpunkte der Lotgeraden auf E durch F bzw. S, deshalb gilt:

$\overrightarrow{FF'} \parallel \overrightarrow{SS'} \parallel \vec{n}_E$

SENKRECHTE PROJEKTION AUF EINEN VEKTOR

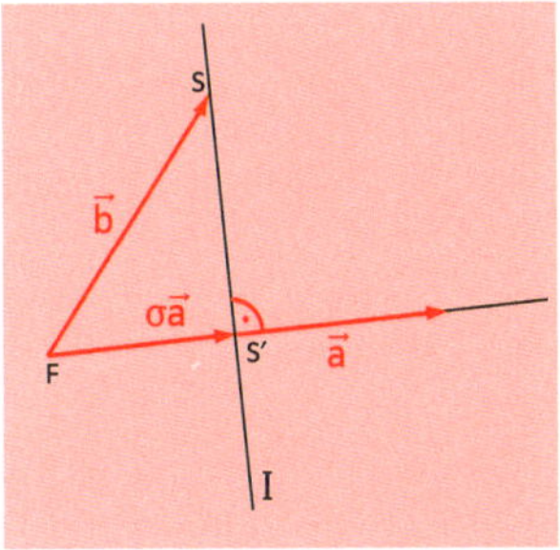

$\vec{b}$ wird senkrecht auf $\vec{a}$ projiziert, das Bild von $\vec{b}$ ist der Vektor $\overrightarrow{FS'}$, für den zunächst gilt:

$$\overrightarrow{FS'} = \sigma\vec{a} = \vec{b}_a$$

Da das Dreieck FS'S bei S' rechtwinklig ist, gilt

für $\varphi = \sphericalangle S'FS$: $\cos\varphi = \frac{|\sigma a|}{|\vec{b}|} = \frac{|\vec{b}_a|}{|\vec{b}|}$

$\Rightarrow |\vec{b}_a| = |\vec{b}|\cos\varphi$ bzw. $\vec{b}_a = \vec{a}^\circ \cdot |\vec{b}| \cdot \cos\varphi$

oder kurz: $\vec{b}_a = (\vec{b} \circ a^\circ)\vec{a}^\circ$

Spiegelungen

SPIEGELUNG EINES PUNKTES

l: Lot(gerade) durch P auf E

l schneidet E in F (senkrecht). Die Koordinatenermittlung des Spiegelpunktes P' von P erfolgt am einfachsten durch die Vektorgleichung:

$\overrightarrow{OP'} = \overrightarrow{OP} + 2 \cdot \overrightarrow{PF}$

Ist der Abstand d des Punktes P von E bekannt, oder wird er ermittelt, so erhält man P' auch durch $\overrightarrow{OP'} = \overrightarrow{OP} - 2d\vec{n}_E^\circ$, wobei $d = d(P; E)$ orientiert, also mit Vorzeichen einzusetzen ist.

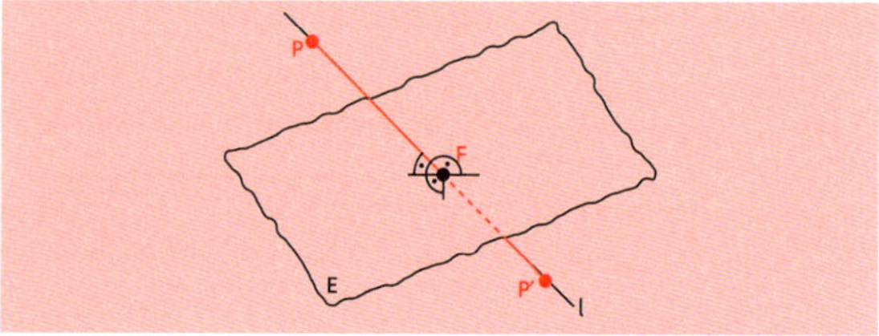

Beispiele:

E: $2x_1 - 2x_2 + x_3 - 12 = 0$ HNF$_E$: $\frac{2x_1 - 2x_2 + x_3 - 12}{3} = 0$

P sei $P(1|0|1)$, damit

$d(P; E) = \frac{2+1-12}{3} = -3$; $\vec{n}_E^{\circ} = \frac{1}{3}\begin{pmatrix} 2 \\ -2 \\ 1 \end{pmatrix}$

nach obiger Formel: $\overrightarrow{OP'} = \begin{pmatrix} 1 \\ 0 \\ 1 \end{pmatrix} - (-6) \cdot \frac{1}{3}\begin{pmatrix} 2 \\ -2 \\ 1 \end{pmatrix}$

$\Rightarrow P'(5|-4|3)$

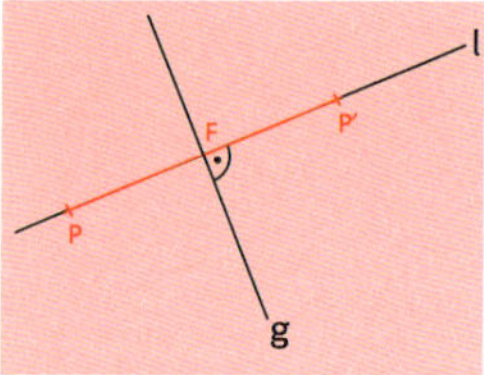

Für den $\mathbb{R}^2$ ist das Problem einfach zu erfassen: man stellt die Lotgerade l zu g durch P auf, gewinnt den Schnittpunkt F von l und g. Damit: $\overrightarrow{OP'} = \overrightarrow{OP} + 2 \cdot \overrightarrow{PF}$

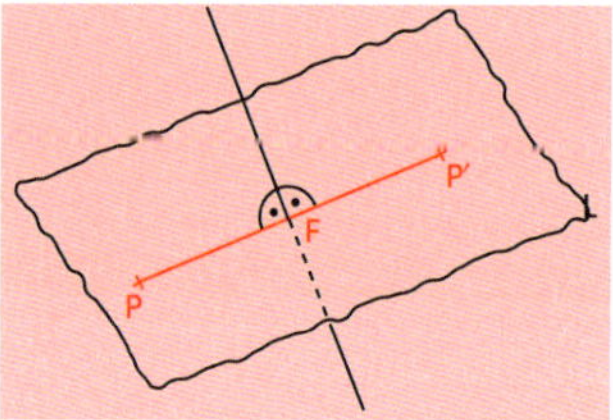

Da im $\mathbb{R}^3$ zu einer Geraden keine eindeutige Lotgerade existiert, weicht man auf eine Lotebene L zu g aus. Der Schnittpunkt von g und L sei F. Die Lotebene enthalte den Punkt P. Für P' gilt dann die gleiche Formel wie oben: $\overrightarrow{OP'} = \overrightarrow{OP} + 2 \cdot \overrightarrow{PF}$

Beispiel:

$P(1|1|2);\ g: \vec{x} = \begin{pmatrix} 1 \\ 2 \\ -1 \end{pmatrix} + \lambda \begin{pmatrix} 2 \\ 2 \\ 1 \end{pmatrix}$

da $\vec{n}_L = \vec{u}_g \Rightarrow L: 2x_1 + 2x_2 + x_3 + n_0 = 0$

da $P \in L$: $2 + 2 + 2 + n_0 = 0 \Rightarrow n_0 = -6$

$\Rightarrow L: 2x_1 + 2x_2 + x_3 - 6 = 0$

g in L: $2(1 + 2\lambda) + 2(2 + 2\lambda) + (-1 + \lambda) - 6 = 0$

$\Rightarrow 9\lambda - 1 = 0 \Rightarrow \lambda = \frac{1}{9} \Rightarrow F\left(\frac{11}{9} \middle| \frac{20}{9} \middle| -\frac{8}{9}\right)$

$\Rightarrow \overrightarrow{OP'} = \begin{pmatrix} 1 \\ 1 \\ 2 \end{pmatrix} + 2 \begin{pmatrix} \frac{2}{9} \\ \frac{11}{9} \\ \frac{-26}{9} \end{pmatrix} \Rightarrow P'\left(\frac{13}{9} \middle| \frac{31}{9} \middle| -\frac{34}{9}\right)$

SPIEGELUNG EINER GERADEN AN EINER EBENE

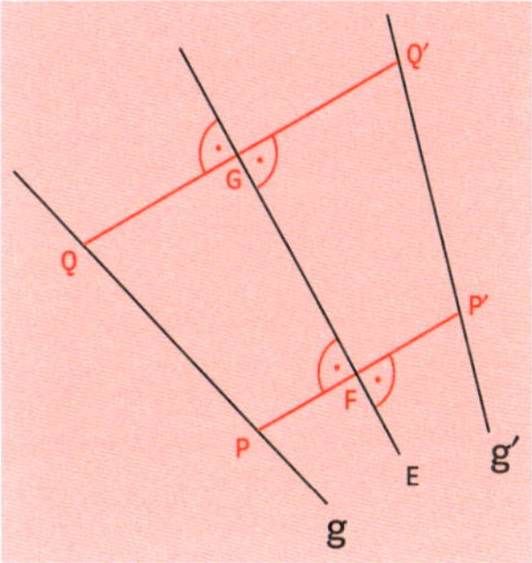

Das Problem lässt sich vereinfacht darstellen, wenn man die Ebene E genau von der Kante, d.h. wie eine Gerade, sieht. g' erhält man aus P' und Q', den Spiegelpunkten von $P \in g$ und $Q \in g$, die prinzipiell beliebig gewählt werden können.

Im Sonderfall der Kenntnis des Schnittpunktes S von g und E reicht die Spiegelung eines Punktes $P \in g$ für die Gewinnung von g' aus, da S = S'. Falls gilt $g \| E$ reicht ebenfalls die Spiegelung eines einzigen Punktes $P \in g$, denn zur Aufstellung von g' kann $\vec{u}_g = \vec{u}_{g'}$ verwendet werden, da die Geradenrichtung in diesem Fall erhalten bleibt.

SPIEGELUNG EINER GERADEN AN EINEM PUNKT

$S \notin g$ sei vorausgesetzt.

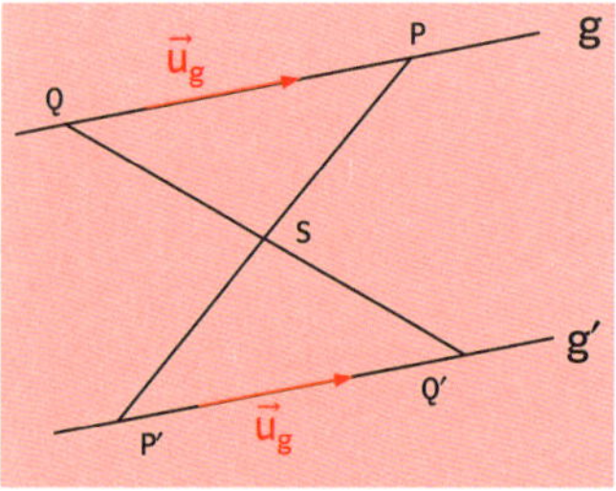

Da $\vec{u}g = \vec{u}g'$, reicht die Spiegelung eines Punktes $P \in g$.
Für diese Spiegelung setzt man:
$\overrightarrow{OP'} = \overrightarrow{OP} + 2\overrightarrow{PS}$, um dann für g' zu erhalten:
$g': \vec{x} = \overrightarrow{OP'} + \mu\vec{u}g$

SPIEGELUNG EINER EBENE AN EINEM PUNKT

$S \notin E$ sei vorausgesetzt. Auch hier gilt die Parallelität von E und E'. Deshalb reicht die Ermittlung von P', also eines Bildpunktes, aus. Die Richtungsvektoren können von E übernommen werden.

$E: \vec{x} = \overrightarrow{OP} + \lambda\vec{u}_E + \mu\vec{v}_E$

$\Rightarrow E': \vec{x} = \overrightarrow{OP'} + \lambda\vec{u}_E + \mu\vec{v}_E$

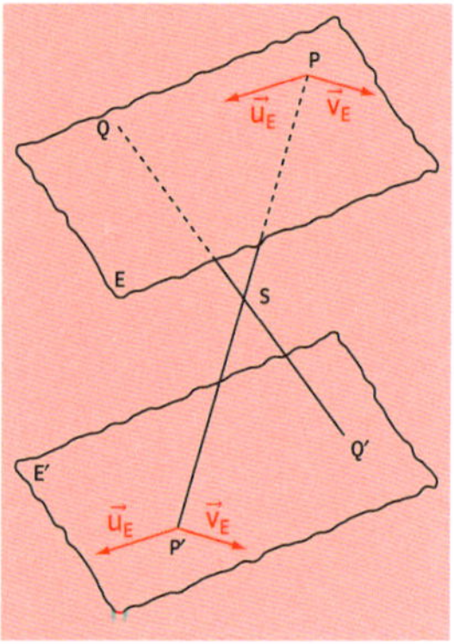

ERMITTLUNG DES SPIEGELZENTRUMS In den besprochenen Fällen kann das Spiegelzentrum S immer dann eindeutig bestimmt werden, wenn von einem festgelegten Punktepaar (P; P') ausgegangen werden darf.

Dann folgt aus: $\overrightarrow{OP'} = \overrightarrow{OP} + 2\overrightarrow{PS}$ und

$$\overrightarrow{OP'} = \overrightarrow{OP} + 2(\overrightarrow{OS} - \overrightarrow{OP}):$$

$$\overrightarrow{OS} = \tfrac{1}{2}(\overrightarrow{OP} + \overrightarrow{OP'})$$

Ist eine feste Zuordnung P und P' nicht getroffen, werden also g bzw. E nur als Punktmengen gespiegelt, so kann jeder Punkt der Mittelgeraden von (g; g') bzw. der Mittelebene von (E; E') als S dienen. Umgekehrt können hier dann zwei beliebige Punkte $P \in g$ (E) und $P' \in g'$ (E') zur Ermittlung von S dienen.

SPIEGELUNG EINER EBENE AN EINER EBENE Auch hier werden die Ebenen wieder in Ebenen gespiegelt. Die Darstellungen erfolgen in strenger Seitenansicht.

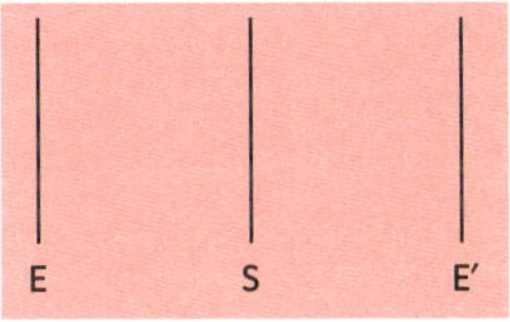

a) Es gelte $E \parallel S$.
Für die Bestimmung von E' genügt eine Spiegelung von $P \in E$ an S (s. S. 207), da ja auch gilt $\vec{n}_E = \vec{n}_{E'}$.

b) E und S schneiden sich. E' kann z.B. auch mit Hilfe der Schnittgeraden von E und S ermittelt werden, die auch ganz in E' liegt.

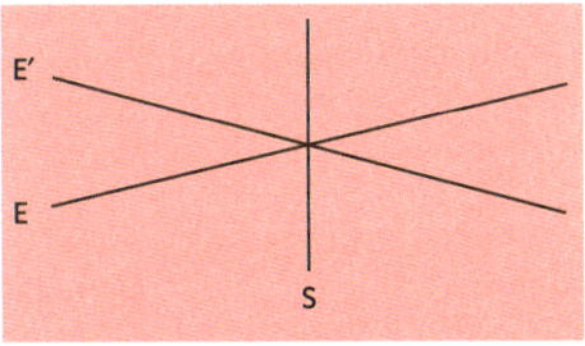

Dann bestimmt man über einen zu spiegelnden Punkt die zweite Richtung von E'. Ein anderer Weg führt über die winkelhalbierenden Ebenen zum Ziel. S wird mit einer der Ebenen W_1 oder W_2 gleichgesetzt.

Analytische Geometrie und Lineare Algebra

Flächen- und Volumenberechnung

QUICK-FINDER

Geradlinig begrenzte Figuren und Körper

In der Analytischen Geometrie verwendet man meist die Formeln der gewöhnlichen Geometrie zur Berechnung von Flächen- und Rauminhalten, wobei Streckenlängen und Winkelgrößen vorzugsweise analytisch ermittelt werden.

Dreiecksfläche

elementargeometrisch:

$A_\triangle = \frac{1}{2} \cdot g \cdot h$

analytisch geometrisch:

$A_\triangle = \frac{1}{2} \cdot |\overrightarrow{AB}| \cdot |d(C; g(AB))|$

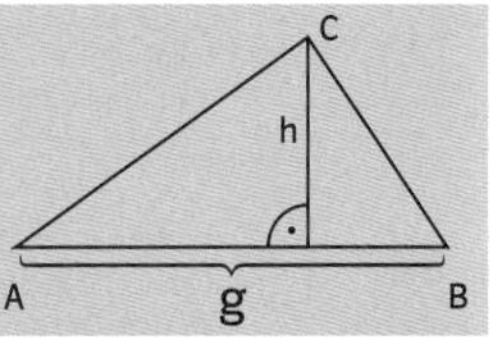

Rechtecksfläche

elementargeometrisch:

$A_\square = a \cdot b$

analytisch geometrisch:

$A_\square = |\overrightarrow{AB}| \cdot |\overrightarrow{BC}|$

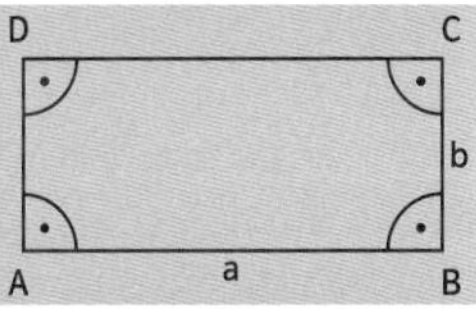

Fläche eines Parallelogramms

elementargeometrisch :

$A_\varparallelogram = a \cdot h$

analytisch geometrisch:

$A_\varparallelogram = |\overrightarrow{AB}| \cdot |d(D; g(AB))|$

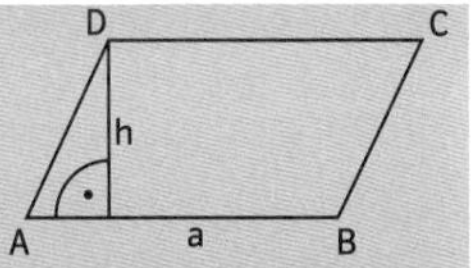

Wobei wegen der Eigenschaften des Parallelogramms auch andere Ansätze zum richtigen Ergebnis führen:

$A_\varparallelogram = |\overrightarrow{AB}| \cdot |d(C; g(AB))|$ oder

$A_\varparallelogram = |\overrightarrow{BC}| \cdot |d(A; g(BC))|$

Trapezfläche

elementargeometrisch:

$A_{Trapez} = \frac{a+b}{2} \cdot h$

analytisch geometrisch:

$A_{Trapez} = \frac{|\overrightarrow{AB}| + |\overrightarrow{CD}|}{2} \cdot |d(C; g(AB))|$

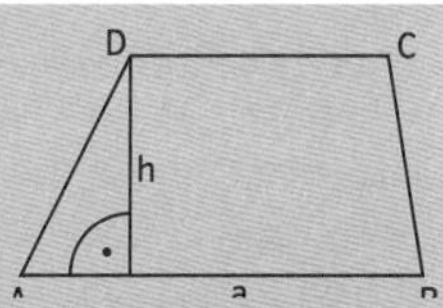

Quadervolumen

elementargeometrisch:

$V_{Quader} = a \cdot b \cdot c$

analytisch geometrisch:

$V_{Quader} = |\overrightarrow{AB}| \cdot |\overrightarrow{BC}| \cdot |\overrightarrow{AE}|$

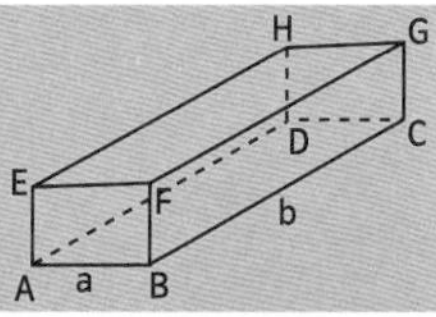

Prisma

elementargeometrisch:

$V_{Prisma} = G \cdot h$

analytisch geometrisch:
Sind Grund- und Deckfläche zueinander parallel, taucht h als Abstand zweier Parallelebenen auf.

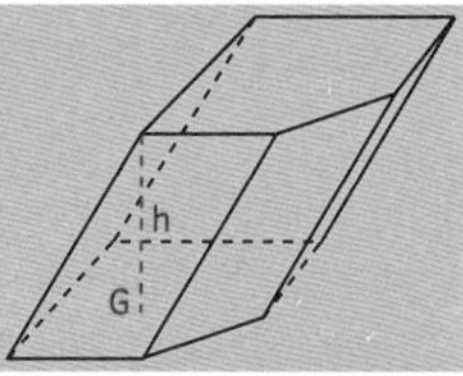

Pyramidenvolumen

elementargeometrisch:

$V_{Pyramide} = \frac{1}{3} G \cdot h$

mit G als Flächeninhalt des Vielecks ABCD und h als Pyramidenhöhe;
analytisch geometrisch:
Hier lässt sich insbesondere h bestimmen durch $d(S; E_{ABC})$.

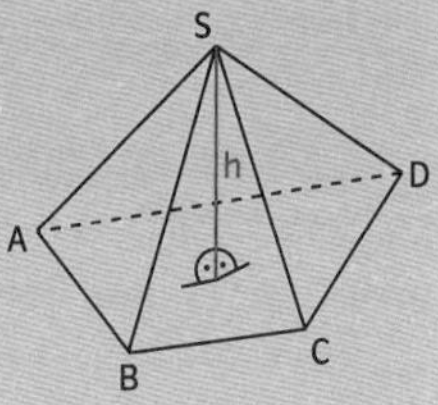

Kreis- und Kugelgleichungen

GLEICHUNGEN VON KREIS UND KUGEL Die Punkte einer Kreislinie bzw. die Punkte einer Kugeloberfläche sind gekennzeichnet durch die gemeinsame Eigenschaft, von einem Punkt M (Mittelpunkt) den gleichen Abstand r (Radius) zu besitzen. Aus

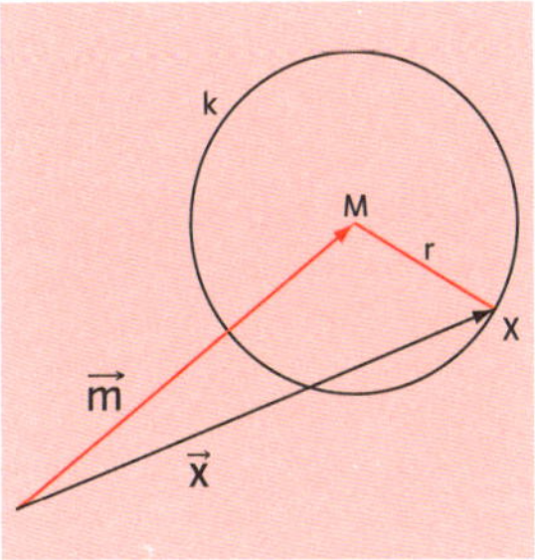

$\overline{MX} = r$ und $\overrightarrow{MX} = \vec{x} - \vec{m}$ folgt mit $(\vec{x} - \vec{m})^2 = r^2$, im $\mathbb{R}^2$ die vektorielle Form der Kreisgleichung und im $\mathbb{R}^3$ die vektorielle Form der Kugelgleichung. Aus ihr gewinnt man die folgende Koordinatenform:

$$k\colon\ (x_1 - m_1)^2 + (x_2 - m_2)^2\ [+ (x_3 - m_3)^2] = r^2$$

GLEICHUNGEN VON KREISTANGENTE UND KUGELTANGENTIALEBENE Die obigen Gleichungen erfahren nur eine leichte Änderung beim Übergang zu Gleichungen für die Tangente an einen Kreispunkt P bzw. für die Tangentenebene an einen Kugelpunkt P:

$T\colon (\vec{p} - \vec{m}) \circ (\vec{x} - \vec{m}) = r^2$, mit $p \in k$ oder

$$T\colon (p_1 - m_1)(x_1 - m_1) + (p_2 - m_2)(x_2 - m_2)$$
$$[+ (p_3 - m_3)(x_3 - m_3)] = r_2$$

Beispiel: Eine Kugel mit Radius $r = \sqrt{11}$, deren Mittelpunkt auf der x_3-Achse liegt, habe die Ebene F als Tangentialebene. Der Berührpunkt P und der Mittelpunkt M sind zu bestimmen.

$M(0|0|m_3)$; $P(p_1|p_2|p_3)$
F: $x_1 - x_2 + 3x_3 - 2 = 0$;

Da $\overrightarrow{MP} = \lambda \vec{n}F$, folgt: $\begin{pmatrix} p_1 \\ p_2 \\ p_3 - m_3 \end{pmatrix} = \lambda \begin{pmatrix} 1 \\ -1 \\ 3 \end{pmatrix}$

$\Rightarrow p_1 = \lambda \wedge p_2 = -\lambda \wedge p_3 - m_3 = 3\lambda$

eingesetzt in F: $\lambda + \lambda + 9\lambda + 3m_3 - 2 = 0$

$\Rightarrow m_3 = -\frac{11}{3}\lambda + \frac{2}{3}$

Die Tangentialebene T für $M(0|0|m_3)$ und $P(p_1|p_2|p_3)$ lautet allgemein:

$$T: p_1x_1 + p_2x_2 + (p_3 - m_3)x_3 - (p_3 - m_3)m_3 = r^2$$

Mit $r = \sqrt{11}$ und den obigen Ergänzungen der p_i:

$\lambda x_1 - \lambda x_2 + 3\lambda x_3 - 3\lambda\left(-\frac{11}{3}\lambda + \frac{2}{3}\right) = 11$

$x_1 - x_2 + 3x_3 + 11\lambda - 2 - \frac{11}{\lambda} = 0$

Durch Vergleich mit F erhält man:

$11\lambda - \frac{11}{\lambda} - 2 = -2$
$\Rightarrow 11\lambda^2 - 11 = 0$
$\Rightarrow \lambda_1 = 1;\ \lambda_2 = -1$

$\Rightarrow$ erste Lösung: $P(1|-1|0)$ und $M(0|0|-3)$.

Probe: $\overrightarrow{MP} = \begin{pmatrix} 1 \\ -1 \\ 3 \end{pmatrix} \Rightarrow |\overrightarrow{MP}| = \sqrt{11} = r$

$\Rightarrow$ zweite Lösung: $P\left(-1|1|\frac{4}{3}\right)$ und $M\left(0|0|\frac{13}{3}\right)$

Probe: $\overrightarrow{MP} = \begin{pmatrix} -1 \\ 1 \\ -3 \end{pmatrix} \Rightarrow |\overrightarrow{MP}| = \sqrt{11} = r$

Definition des Vektorprodukts

In der Menge der Vektoren ist noch eine weitere innere Multiplikation erklärt, d. h. eine Multiplikation zweier Vektoren, deren Produkt wieder ein Vektor ist, das Vektorprodukt.

Mit $\vec{a} = \begin{pmatrix} a_1 \\ a_2 \\ a_3 \end{pmatrix}$ und $\vec{b} = \begin{pmatrix} b_1 \\ b_2 \\ b_3 \end{pmatrix}$ gilt für

$$\vec{v} = \vec{a} \times \vec{b} = \begin{pmatrix} a_1 \\ a_2 \\ a_3 \end{pmatrix} \times \begin{pmatrix} b_1 \\ b_2 \\ b_3 \end{pmatrix} = \begin{pmatrix} a_2b_3 - a_3b_2 \\ -(a_1b_3 - a_3b_1) \\ a_1b_2 - a_2b_1 \end{pmatrix}$$

$\Rightarrow$ (Sprechweise: „$\vec{a}$ kreuz $\vec{b}$")

Der Vektor $\vec{v}$ steht senkrecht auf $\vec{a}$ und senkrecht auf $\vec{b}$, d. h. senkrecht auf der von $\vec{a}$ und $\vec{b}$ aufgespannten Ebene. (Wären $\vec{a}$ und $\vec{b}$ zueinander kollinear, so ergäbe sich für $\vec{v}$ der Nullvektor).

Zu beachten ist:

$\vec{a} \times \vec{b} = -(\vec{b} \times \vec{a})$

Für den Betrag von $\vec{v}$ gilt:

$|\vec{v}| = |\vec{a} \times \vec{b}| = |\vec{a}| \cdot |\vec{b}| \cdot \sin \varphi$

$(0 \leqq \varphi \leqq \pi)$

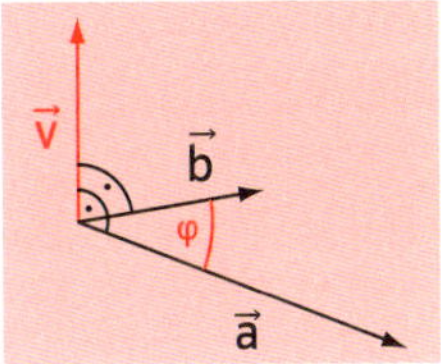

Anwendung des Vektorprodukts

Das Vektorprodukt wird besonders zur Ermittlung des Normalenvektors und zur Bestimmung von Flächen und Rauminhalten verwendet.

BESTIMMUNG DES NORMALENVEKTORS

Zur Ebene E gehören die Richtungsvektoren

$\vec{u}_E = \begin{pmatrix} 1 \\ -2 \\ 1 \end{pmatrix}$ und $\vec{v}_E = \begin{pmatrix} -1 \\ 1 \\ 2 \end{pmatrix}$.

Hieraus entsteht durch das Vektorprodukt der Normalenvektor von E:

$$\vec{n}_E = \begin{pmatrix} 1 \\ -2 \\ 1 \end{pmatrix} \times \begin{pmatrix} -1 \\ 1 \\ 2 \end{pmatrix} = \begin{pmatrix} -4-1 \\ -(2+1) \\ 1-2 \end{pmatrix} = \begin{pmatrix} -5 \\ -3 \\ -1 \end{pmatrix}$$

Probe: $\begin{pmatrix} -5 \\ -3 \\ -1 \end{pmatrix} \circ \begin{pmatrix} 1 \\ -2 \\ 1 \end{pmatrix} = -5 + 6 - 1 = 0 \Rightarrow \vec{n}_E \perp \vec{u}_E$

und $\begin{pmatrix} -5 \\ -3 \\ -1 \end{pmatrix} \circ \begin{pmatrix} -1 \\ 1 \\ 2 \end{pmatrix} = 5 - 3 - 2 = 0 \Rightarrow \vec{n}_E \perp \vec{v}_E$

BESTIMMUNG DES FLÄCHENINHALTS

$\vec{a}$ und $\vec{b}$ spannen ein Parallelogramm auf, dessen Flächeninhalt A durch $A = |\vec{a}| \cdot |\vec{b}| \cdot \sin\varphi$, also durch $A = |\vec{a} \times \vec{b}|$ gegeben ist. Mit den obigen Vektoren erhält man

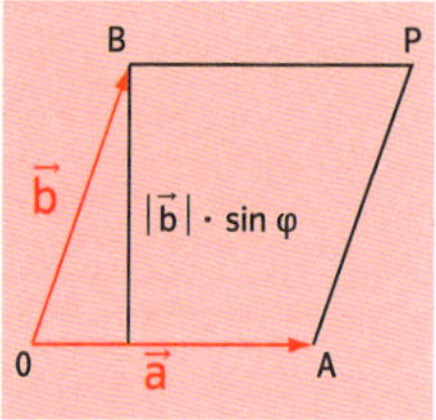

$$A = \left| \begin{pmatrix} -5 \\ -3 \\ -1 \end{pmatrix} \right| = \sqrt{35};$$

Auch für die Ermittlung des Flächeninhalts eines Dreiecks kann das Vektorprodukt herangezogen werden: $A_{\Delta OAB} = \frac{1}{2} A_{\Delta OAPB} = \frac{1}{2} |\vec{a} \times \vec{b}|$

BESTIMMUNG VON VOLUMINA

Volumen eines **Parallelflachs**

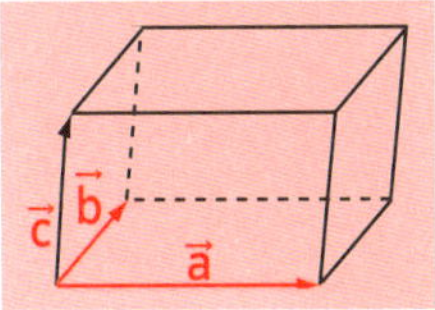

$V = \left|\vec{a} \circ (\vec{b} \times \vec{c})\right|$,
wofür sich auch kürzer

$V = \begin{vmatrix} a_1 & b_1 & c_1 \\ a_2 & b_2 & c_2 \\ a_3 & b_3 & c_3 \end{vmatrix}$ schreiben lässt.

Pyramidenvolumen

Aus $V = \left|\vec{a} \circ (\vec{b} \times \vec{c})\right|$, ergibt sich für eine dreiseitige Pyramide die Formel:

$$V = \frac{1}{6} \cdot \left|\vec{a} \circ (\vec{b} \times \vec{c})\right|,$$

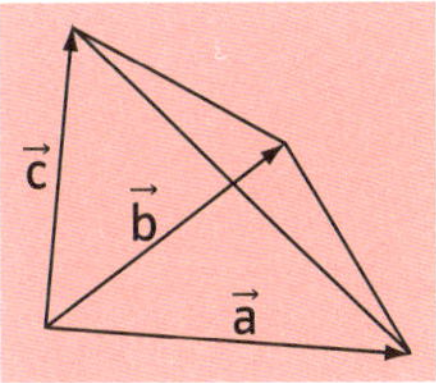

während man für die vierseitige Pyramide (Grundfläche: Parallelogramm) die Formel:

$$V = \frac{1}{3} \cdot \left|\vec{a} \circ (\vec{b} \times \vec{c})\right| \text{ gewinnt.}$$

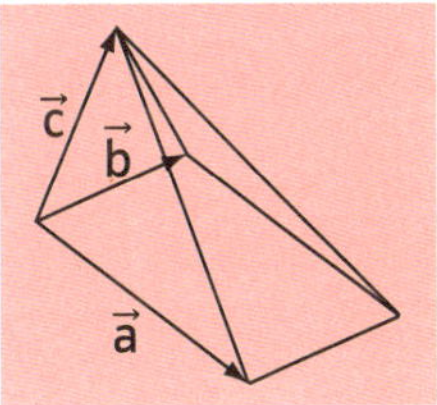

Beispiel: Pyramidenvolumen
Eine reguläre Pyramide sei festgelegt durch die Punkte $A(2|0|0)$, $B(5|0|1)$, $C(6|0|2)$, $D(3|0|3)$ und die Spitze $S(4|7|1)$.
Die Pyramide ABCDS hat nach obiger Formel das Volumen:

$$V_{ABCDS} = \frac{1}{3}\left|\overrightarrow{AB} \circ (\overrightarrow{AD} \times \overrightarrow{AS})\right| = \frac{1}{3}\left|\begin{pmatrix} 3 \\ 0 \\ -1 \end{pmatrix} \circ \left[\begin{pmatrix} 1 \\ 0 \\ 3 \end{pmatrix} \times \begin{pmatrix} 2 \\ 7 \\ 1 \end{pmatrix}\right]\right|$$

$$= \frac{1}{3}\left|\begin{pmatrix} 3 \\ 0 \\ -1 \end{pmatrix} \circ \begin{pmatrix} -21 \\ 5 \\ 7 \end{pmatrix}\right| = \frac{1}{3}\left|-63 - 7\right| = \frac{70}{3} \text{ Raumeinheiten}$$

Stichwortverzeichnis